做最棒的女孩

陶玲 李震◎编著

中国纺织出版社有限公司

内 容 提 要

每个女孩都希望自己的人生最美好，也希望自己在各个方面都表现得很优秀。然而，人从来不是生而就很优秀的，每个人要想出类拔萃，就必须付出百倍的努力和辛苦。女孩固然要温柔，但也要坚强，只有自己真正强大，才能无所畏惧地面对这个世界。

本书以培养最棒的女孩为主旨，从女孩的身心发展特点和规律及女孩在成长过程中有可能遇到的各种难题着手，帮助女孩解决各种成长的烦恼，并让女孩变得更加优秀。阅读本书，让女孩成长不烦恼，也让女孩的内心更加强大，让女孩的人生绽放出异样的光彩。

图书在版编目（CIP）数据

做最棒的女孩 / 陶玲，李震编著. --北京：中国纺织出版社有限公司，2020.1
ISBN 978-7-5180-6854-8

Ⅰ.①做… Ⅱ.①陶… ②李… Ⅲ.①女性—成功心理—青少年读物 Ⅳ.①B848.4-49

中国版本图书馆CIP数据核字（2019）第229681号

责任编辑：赵晓红　　责任校对：韩雪丽　　责任印制：储志伟

中国纺织出版社有限公司出版发行
地址：北京市朝阳区百子湾东里 A407 号楼　邮政编码：100124
销售电话：010—67004422　　传真：010—87155801
http://www.c-textilep.com
中国纺织出版社天猫旗舰店
官方微博http://weibo.com/2119887771
三河市宏盛印务有限公司印刷　各地新华书店经销
2020年1月第1版第1次印刷
开本：710×1000　1/16　印张：14
字数：128千字　定价：39.80元

凡购本书，如有缺页、倒页、脱页，由本社图书营销中心调换

前言

人生最精彩而又令人怀念的就是那一段青春的时光，那时候的你天真烂漫，欢笑着迎接每天新生的太阳，又满怀激情地送走每日的霞光。你不断地汲取着人生需要的知识，真心地与每一个值得深交的朋友相处。在这样一个美好的年纪，在这个多变又有魅力的世界，亲爱的女孩，做最棒的自己吧，你可以做得更好！

勤奋是一个最容易完善自己的方法，它可以弥补你与别人在天赋上的距离，而坚持就是勤奋的另一种方式。很多事情只做一次两次是没有任何效果的，但是只要你能够坚持很长一段时间，就可以获得意想不到的惊喜，自律会给你带来更大程度上的自由。例如：如果你能够坚持锻炼，就能够拥有强健的体魄和完美的身材；如果你能每天抽时间练习弹钢琴，那么你就能够成为一名很优秀的钢琴家。

与人相处也是每一个人的必修课，而一个优雅有魅力的女生更能够吸引别人的目光，也能给别人更好的相处感受。得体的着装、不俗的谈吐、优雅的姿态都能给对方带来更美好的感受。当然，你更需要修炼自己的情商，不在公共场合给别人难堪，不跟别人发生矛盾；时刻都明白女孩子的矜持和与人相处的安全距离能让你的交际圈越来越宽，修养和气质则能让你在人群中闪耀光芒。

 做最棒的女孩

亲爱的女孩，你还要爱惜自己的身体，不管在什么时候都要保持良好的生活习惯。坚持锻炼、完善自己的饮食习惯都能够让你更加精神饱满地面对每一天全新的挑战。谁说人生不是舞台，你每天都在自己的舞台上现场直播。

当你发现自己困在某一个角落里无法自拔时，一定要调整好自己的心态，不要陷入抑郁的旋涡之中。人不都是在一个又一个的挫折之中慢慢成长的吗？一路都顺顺利利的又有什么意思呢？经历挫折一定是很痛苦的，但是不要害怕，一定要记得风雨之后才会有彩虹，不管现在的你觉得人生多么黑暗，这也只是你漫长生命中的一个阶段而已，跨越这条鸿沟，你就会发现自己变得更加坚强。

你永远都是带着父母的期望在闯荡世界，但是不管你走得有多远都不要忘记回家，那是你一生都可以依靠的港湾。你要爱护你的家庭、你的朋友，爱护花草树木，爱护这个世界上所有的一切。保持初心，用爱心温暖这个世界所有的冰冷。

亲爱的女孩，你现在正是青春岁月，豆蔻年华，你的人生道路还有很长，但是青春岁月却短暂如一瞬。走过高山，跨过河流，成功之路就是你脚下正在走的那条路。你所经历的一切都不会白费，都会助力你成为最棒的女孩！

编者著

2019年4月

目 录

第1章 做最棒的女孩不容易，首先你必须要肯定自己 /001

自信的女孩才能更好地掌控自己的人生 /002

了解自己、悦纳自己才能掌握一切 /004

每个人都有足以为傲的优点 /006

该勇敢的时候就要给自己力量 /009

人生就需要给自己创造舞台 /011

乐观的心态是灰暗时刻的良药 /013

积极运用自我暗示，让自己精力充沛 /016

换个角度看待批评，你会豁然开朗 /018

第2章 在学习和阅读这两件事上，比别人更勤奋和努力 /021

勤奋永远是成功的敲门砖 /022

成绩并不是人生最重要的事 /024

自学是人生最强大的核心竞争力 /026

打造全局思维观 /028

互帮互助才能共赢 /030

专注可以很大程度上提高学习效率 /033

细节决定成败 /035

做最棒的女孩

放飞思维，给自己更大的发展空间 /037

第3章 女孩更要学会自我管理，提高情商和增强思维能力 /039

适当的自我激励能够让自己更有动力 /040
学会忍耐是人生的必修课 /042
急于求成往往会造成令人后悔的结果 /044
同情心让世界更加温暖 /047
让自己作出的每一个决定都有价值 /049
有主见才能更好地掌握自己的一生 /051
做事半途而废的人永远难成大事 /053
管理好自己才能管理好人生 /056

第4章 做事有计划有条理，让行为永远跟得上大脑的步伐 /059

做事有条理才能保持清醒的头脑 /060
好的计划能提高成功的概率 /062
能够随手整理才能更加自律 /064
拖延症会拖垮你的人生 /066
制订目标要有方法有技巧 /069
越早做人生规划对你越有利 /071
按时完成计划的习惯对达成目标更有利 /073

目录

第5章 培养各种应对人生的能力，有能力的人永远有机会 /077

　　挫折只会让你变得更坚强 /078
　　做自己时间的管理者 /080
　　学会理财会给你带来更多的财富 /082
　　从容应变才能给自己扫清障碍 /084
　　合作才能有更多火花的碰撞 /086
　　高执行力才能更快地解决问题 /088
　　梦想就要坚持到底 /090
　　有主见才有大未来 /092

第6章 养成文雅可人的气质，举手投足间尽显涵养与魅力 /095

　　外表不是最重要的，要树立正确的审美观 /096
　　优雅的气质才能经得起岁月的沉淀 /098
　　良好的谈吐能增加你的个人魅力 /100
　　用艺术找到发现美的眼睛 /103
　　广博的知识是你人生的筹码 /105
　　不要做蛮不讲理的泼辣妹子 /108
　　好的厨艺给你的人生增添滋味 /110
　　合适的衣服才有你的灵魂 /112

做最棒的女孩

第7章　生活健康规律，成功的人生永远离不开好习惯的加持 /115

　　早睡早起，做到有规律地作息 /116
　　良好的生活卫生习惯能够给你加分 /118
　　良好的仪态给自己增添魅力 /120
　　培养健康的饮食习惯 /122
　　身体是革命的本钱，一定要勤于锻炼 /124
　　细节上的精致带你远离"粗糙" /126
　　善始善终才能有更完美的人生 /128

第8章　做见过世面的女孩，心智成熟才能把握住自己的人生 /131

　　坚定梦想的道路，不随波逐流 /132
　　主动体会生活的喜悲 /134
　　更广阔的知识面才能丰富人生经历 /136
　　当下才是最好的年纪 /139
　　法律永远都是保护你最强有力的武器 /141
　　接受生命教育，拥有正确的生死观 /143
　　离家出走是最不负责任的行为 /145

第9章　拥有好性格才有好命运，爱笑的女孩运气总不会差 /149

　　用平和的心态面对所有不如意 /150

目录

幽默感能娱乐自己，也能给别人带去快乐 /152

开朗也要有分寸，做一个矜持的女孩 /154

爱慕虚荣是欲望膨胀的起点 /156

正确看待别人的优点 /158

乐观积极，不要陷入抑郁的旋涡 /160

活泼的女孩更招人喜欢 /163

摆脱焦虑，找到自己的舒适空间 /165

第10章 能够保护好自己，
　　　 永远是最棒的女孩最需要学会的事 /169

拥有防患于未然的安全意识 /170

不要让"早恋"耽误了你的前程 /172

掌握好自己的交友原则 /174

与男性朋友保持合适的相处距离 /176

自尊自爱是一个女孩最好的品质 /178

你要警惕网络这个虚幻世界 /180

不去不该去的地方，不碰不该碰的东西 /183

警惕生活中的性骚扰、性侵害 /185

与朋友相处也要留有私人空间 /187

做最棒的女孩

第11章　为自己插上爱心的翅膀，女孩因善良而美丽而受益 /191

　　孝道是每个人美德培养的第一课 /192

　　感恩的心让这个世界更加温暖 /194

　　做一个诚实守信的人 /196

　　每日反省，提高自己的人生境界 /198

　　宽容、豁达的心可以让你过得更轻松 /201

　　责任感会让你变得更优秀 /203

　　保持谦虚的态度，不妄自尊大 /205

　　遵守每一项社会准则，做合格公民 /207

　　爱心给生活添加色彩 /209

　　那些细微而不起眼的美德正是你的与众不同 /211

参考文献 /214

第 1 章

做最棒的女孩不容易，首先你必须要肯定自己

　　不论你是男性还是女性，自信是最重要的品质。当然，女性作为这个世界上相对弱势的群体，更是需要强大自己，让自己由内而外都散发出自信的光芒。

　　第一，你要做到有自信的本钱，肯定自己，不管是才华、能力还是长相，接受自己的不足之处，发扬自己的优点。上帝肯定是公平的，当他为你关上一扇门时，肯定会为你打开一扇窗，用心灵的眼睛找到自己的那扇窗，你就一定能够找到自信。

　　第二，你要培养自己长久的兴趣爱好，留在自身的底蕴才是自己的气质。都说气质是女孩最好的化妆品，随着岁月的流逝，气质永远是你最大的自信源泉。

做最棒的女孩

自信的女孩才能更好地掌控自己的人生

世界上没有十全十美的人，每个人都或多或少地有自己的短板，但是总是会有自己的长处。在这个偌大的世界里奔忙着，总得有一些本领，才能有足够强大的气场应对随机发生的一切。人唯有自信，才能有足够强大的气场，才能让自己在处理各种突发事件时从容不迫。

在这个女性尚是弱势群体的世界里，你要做一个自信的女孩，浑身上下充满光芒的你，才更加有魅力，才能更好地掌握自己的人生。自信是让自己变得更加强大的唯一方法，你可以选择自己的兴趣爱好作为自己实力的出发点，也可以把学习当作乐趣，铺垫自己未来的人生道路。适当做一些能够增强气场、增大胆量的事情也可以让自己面对重大场面的时候不至于过于慌张。

米莉是一个胖胖的姑娘，已经25岁的她从小就是家人朋友眼中的小胖妞和开心果。是啊，胖胖的米莉没有可人的脸蛋，便只能更加努力地去读书学习，并且一直以"开心果"的形象活在大家的眼中。然而，这个时候的米莉内心已经极度不自信了，她害怕别人用异样的眼光看着她，对她指指点点。

今年是米莉大学毕业的第一年，即将走向工作岗位的她

第 1 章
做最棒的女孩不容易，首先你必须要肯定自己

面对接下来的求职之路，产生了重重的忧虑。她搜过很多经验贴，也听了很多师兄师姐和长辈朋友的分享，而后得知，在求职的道路上，除了自身的实力以外，求职者的长相开始成为公司面试官所考虑的重要因素之一。所以米莉便感到自己的职业道路充满不确定性，而变得更加不自信。但是，这是一条不得不往前走的道路，随着毕业论文的顺利通过和同学们的相继离校，米莉知道这一刻终于还是到来了。收拾完行李，来到想要生活并奋斗下去的城市，米莉整理好自己优异的简历，壮着胆子来到了第一家面试的地点。面对众多的竞争者，面对面试官不冷不热的态度和提问方式，米莉在面试之初便预想到了结果。约定通知复试的时间到了，米莉败了，即使做好了充足的心理准备，米莉还是难过极了，接下来面试的几份工作也都没有满意的结果。

后来，米莉终于通过了一家公司的面试，她很珍惜这次得来不易的工作机会，也下定决心要改变自己目前的状态。于是，她凭借着自己学习到的扎实的专业基本功完成自己分内的所有工作，并努力地调整自己的作息时间和饮食习惯，戒掉以前极度喜爱的甜品，按时并适当地增加体育锻炼。渐渐地，米莉变得更加健康，身形更加匀称，整个人的精神面貌都变得和之前有很大的不同，浑身充满了青春活力，人也变得更加自信。工作上，米莉凭借着自己的实力逐渐成为一个部门的负责人，在事业上也有了很大的突破，变得越来越自信和迷人。

做最棒的女孩

　　自信是女孩最漂亮的衣服，米莉因为自己的身材而自卑，变得健康之后，她逐渐散发出魅力。当你为自己的缺点而自卑的时候，就是你改变的最佳时机，这个时机永远都不晚。只要是你想要改变的地方，你都可以着手来改变，为的就是让自己变得更加优秀，只要坚持下去，你就一定会成功得到自己曾经想要的。

　　自信是女孩最好的装饰品，拥有自信的女孩就像一个小太阳，在自己的领域里如鱼得水，自信地挥洒自己的才情。拥有自信，女孩才更加有感染力，才能成为更好的自己。

了解自己、悦纳自己才能掌握一切

　　蔡康永曾经说过一句话：最高境界的高情商不是取悦别人，而是取悦自己。人不可能为别人而活着，一味地讨好别人只会让自己活得越来越累，这是对自己最不负责任的行为。所以，人要好好爱自己，全方位地了解自己的优势和缺陷，更加彻底地发扬自己的优点，坦然地接受自己的不足之处，这样才能活得更加潇洒、更加充实。

　　从出生起，人便在浑浑噩噩中摸索着成长，坚强地接受这个世界带来的不幸，也愉悦并坦然地接受这个世界带来的恩赐；同时不断地学习这个世界的规则，适应随时发生的变故和

第1章
做最棒的女孩不容易，首先你必须要肯定自己

不断改变的生活环境。所以，生而为人需要足够的勇气来承受这一切的变故。只有了解自己内心真实的想法，才能明白自己真正想要的是什么，才能在自己想要坚持的道路上越走越远。

梅梅一直是一个天真烂漫的姑娘，从小在爸爸妈妈强大的庇佑下安稳地长大，父母在对梅梅的教育上很是重视，虽然宠爱，却绝不宠溺。但是，天有不测风云，人有旦夕祸福，不幸的事情就这样突然地降临到这个幸福的家庭头上。在梅梅16岁那年的春天，他们一家人在郊游的归程中遇到了一场令人叹息的车祸，在这一场意外中，梅梅失去了父亲，自己也失去了一条腿。

从此以后，梅梅像变了一个人一样，原来天真活泼的梅梅彻底不见了，她总是面无表情，却又时常暴躁易怒，梅梅的妈妈面对这样状态的梅梅，经常以泪洗面，但是她更加担心梅梅从此以后的命运。一天，她发现梅梅状态有点不太对，便开始一刻不停地观察梅梅的动静。在午后，她看到梅梅拿出一把水果刀划在了自己的手腕上，来不及吃惊，便赶紧冲过去握紧了梅梅瘦弱的手腕，并且拨打了120。幸亏发现得及时，梅梅并没有什么大碍，但是，这件事在妈妈的心里留下了很大的阴影。她开始经常带着梅梅出门看看天空，看看白云，看看这个世界五彩斑斓的花花草草，并且找心理医生来开解梅梅。

渐渐地，梅梅开始重新审视自己的生命，也开始接受那场突如其来的灾难给自己带来的一切。她慢慢懂得，苦难带给人

生的永远不止表象的一切，还有挣扎过后永久的财富。虽然车祸带走了她最亲爱的父亲，但幸运的是母亲还在；虽然命运夺去了她的一条腿，但是她的身体其余的地方都还是健康的，她还有双手，还可以像以前一样自由自在地画画。时光渐渐地流逝，拿起画笔之后的梅梅逐渐变得像之前一样充满生机，在大自然里自在地写生，在一个人的小窝里画着属于自己的漫画故事。后来，梅梅凭借自己独特的画风成为了一名优秀的漫画家。

梅梅坚强面对世界的乐观态度让人佩服。悦纳自己需要时间，也需要勇气，只有悦纳自己，才能真正地找到属于自己的人生道路和坚定乐观的生活方式，才可以在这个多变的世界里自如地行走。

也许悦纳自我是一个很痛苦的过程，但只有认识自己，悦纳自己，才能成为更好的自己。

每个人都有足以为傲的优点

每个人都是这个世界中一个独立的个体，都有足以为傲的优点。

人生没有什么过不去的坎坷。我们不能一遇到困难就像霜打的茄子，耷拉着脑袋，浑身上下都看不到曾经的生机和活

第1章
做最棒的女孩不容易，首先你必须要肯定自己

泼。苦难也是人生的一个历练，经历苦难，我们才能找到自己的不足之处，才能更好地发现自己的长处，在未来的道路上有更明确的努力方向。

张小英小时候就是一个性格活泼开朗的姑娘，很自信，并且一直是长辈们眼中的乖乖女，学习成绩也一直是名列前茅，就是从小身体不太好，所以张小英的父母也一直操心着。一眨眼，张小英到了读高中的时候，由于高中的学校在县城里，离家里比较远，便需要留校住宿，和父母常通过电话联系。每当张小英给父母打电话声音一有点儿不对劲，父母便紧张不已，而且，他们每个星期都要到学校里看望一次。即便如此，从小就经常感冒的她第一次自己独立生活还是很不尽如人意。由于经常感冒，有一天体育课，张小英在操场上晕倒了，被送去医院诊断为感冒引起的心肌炎，不得不住院静养。

一段时间过去，张小英康复归校了，由于落下的课程比较多，再加上高中课程难度加大，张小英渐渐跟不上老师的授课节奏，从那以后学习成绩便一落千丈。自此张小英适应新环境的能力越来越差，人也渐渐地不像从前那么自信，像慢慢地变成了一个安静的人。高考后，张小英被调剂到了一个自己并不喜欢的工科专业，像周围人一样中规中矩地度过了自己的大学时光，虽然不是很优秀，但也不是很差。毕业后，在面临人生的又一个重大选择时，她不知道自己要选择一个什么样的工作。

做最棒的女孩

无意之间，张小英在网上看到了一个房产中介的招聘信息。作为一个门槛相对较低的行业，销售是一个能够让人更快成长的工作。而对于现在相对较安静的张小英来说，她想找回原来活泼开朗的自己，也想让自己在人际交往上更加随意自如。于是，她便投了一份简历过去。

销售虽然是一个门槛相对较低的工作，但是要学的东西还是很多的，很多行业内的知识还有很多谈判的技巧和手法并不是一个新手便能轻松掌握的，所以在这个行业，需要更加努力，身体上和心理上有一处懈怠都无法在这个行业长久地坚持下去。幸而张小英是一个并不怕生的人，别人应对起来如临大敌的谈判，有纵观全局能力的她经过师父的教导和自己不断的练习，往往能够轻松自如地应对。作为服务行业的人员，面对客户的各种刁钻的理由和借口，她都能够轻松地化解开来。渐渐地，张小英通过自己不断地努力，以优异的业绩荣升为经理，也慢慢地找回了自己，变得越来越自信。

找到自己最大的优点，并且不断地巩固自己的专业技能和临场经验，才能更快地让自己成熟起来。人只要能够在某一方面钻研到极致，便能够拥有更加强大的自信心来面对未来充满变数的人生。

第1章
做最棒的女孩不容易，首先你必须要肯定自己

该勇敢的时候就要给自己力量

现实世界中有很多诱惑和陷阱，这是很多人从小就被家长和老师灌输的一个思想。而长辈们也是希望孩子们从小就有防范之心，因为这样才能够很好地保护自己，才能在以后的人生道路上受到更少的伤害，尤其是女孩子，面对这个世界的恶意，更应该从小就培养起谨慎的安全意识。所以，很多人在成长道路上都是一直处于防备状态。也正因如此，有很多人觉得自己胆子很小，遇到事情特别容易慌里慌张、自乱阵脚，便更加找不到解决问题的方法。

善玉是一个从小就被爸爸妈妈呵护备至的小姑娘，外表张牙舞爪，内心却有点儿胆小。有一次学校里举行演讲比赛，语文老师见善玉平时是一个朗读课文很有感情的女孩子，便让善玉去试一试，毕竟这是一个可以锻炼自己的机会。善玉听到这个消息只觉得是老师安排给自己的任务，虽然内心是拒绝的，但是乖巧的她还是接受了。演讲稿是要自己准备的，本来善玉的作文水平是很棒的，但是胆怯的善玉对于大庭广众下的演讲总是不太自信。于是，那一段时间她总是一副心事重重的模样，让爸爸妈妈有点担忧。

一天，吃完晚饭后，善玉的爸爸便问善玉，最近是不是有什么心事，善玉便把自己最近的烦心事向爸爸倾诉。爸爸摸了摸善玉的头，温柔地说："善玉，谢谢你愿意把你的心事讲给

做最棒的女孩

我跟你妈妈听,你从小就是一个活泼乖巧的孩子,但你对于大多的场合总是有一些胆怯,所以我觉得这次的演讲对于你来说是一件好事,你可以大胆地去试一试,因为你本来就是抱着一个平和的心态来锻炼一下自己的能力和胆量。至于写作水平,这更是你自己的强项,小时候就开始练习的能力肯定能够使你更加的自信,所以,你一定要鼓起勇气,自己给自己力量,我和妈妈也会在台下给你力量。"

亲人永远是自己最强大的后盾,从那天起,善玉便抛掉所有的杂念,心无旁骛地准备这一次的演讲比赛。到了真正上场的那一天,台下的善玉依旧紧张得心砰砰乱跳,但是她在心里告诉自己:都准备了那么久,一定不能临阵脱逃,深呼吸放松心态,我要的只是过程,能够坚持到最后一刻,我就胜利了。

上台之后的善玉依旧是紧张的,但是她告诉自己把所有的精力都集中在演讲稿上之后,就变得放松和随心所欲了。最后,善玉出人意料地拿到了本次演讲比赛的第一名。于她来说,这次的比赛不只带给了她荣誉,同时也让她尝试了一次自己之前从来没有尝试过的事情,更加锻炼了她的胆量。

人是群居性的,但是身边的人来来往往,能够真正陪你走过一生的人只有自己,所以在一生漫长的时光里,只有自己一个人享受孤独,自己给自己力量,才能在漂浮不定的生活中找到属于自己的归属感。遇到事不怕事,直面即将面对的所有困难,自己在内心给自己打气,拿出自己的气场,给自己力量。

第1章
做最棒的女孩不容易，首先你必须要肯定自己

当然，一个人内心深处的力量需要时间和所有遭遇的慢慢累积，所有的困难都会变成人心底里最坚定的力量。

于生活中找到自己最佳的状态，生命中任何事情的存在都是对每一个人的锻炼，我们不应该惧怕任何一个考验自己的机会，勇敢地接受种种历练，总有一天，它们都会是我们的沉淀。

人生就需要给自己创造舞台

每个人都是这个世界上独立的个体，成长于不同的生存环境，从而形成了这个世界上数以万计、各不相同的个性。有的人从小就自信满满，拥有优于旁人的学习条件和生活条件；而有的人并不是从小就衣食无忧，他们需要在生存的基础之上追求自己的梦想。不论我们有着什么样的生活轨迹，都应该自信而张扬地活着，不屈服于命运的安排，不张狂于生活的优越，尽心做自己就是最好的生活。

在这条漫长的道路上，最需要的就是做自己，只要做着自己想要做的事情，便是最充实的生活。我们需要给自己一个能够充分展示自己的舞台，锻炼自己，升华自己。一开始的时候在小事情上多给自己舞台，在感兴趣的地方多给自己机会，才能在机遇来临之际紧紧地抓住它，从而给自己的生命历程开启全新的篇章。

 做最棒的女孩

　　每个人都有自己的梦想,但是对于学习音乐很多年的夏利来说,还是幕后更让她安心。其实作为一名音乐制作人的同时,夏利拥有一副比常人更加优秀的好嗓子,但是她是一个很羞涩的人,很难在人多的场合发挥自己的优势,展现自己的歌喉。尽管夏利是一名默默无闻的制作人,不能充分根据自己的想象和喜好来完成自己的创作,但她依旧热爱音乐,依旧在努力着。

　　夏利这副好嗓子都是自己关起门来练出来的,她或是在家里自己关上房门练习,或是在闲着的时候一个人去练歌房里跟着伴奏练习。但是,这些终究是自己给自己做观众的舞台。夏利的父母都是从事艺术工作的人,他们能够听得出夏利其实是有唱歌的实力的。他们虽然知道她性格内向,可是她终究需要靠自己的想法活下去,自己的事情只能靠自己来决定。于是他们一直鼓励夏利能够走进自己喜欢的领域,展现自己的长处。

　　于是,夏利也开始积极地改变自己,既然自己害怕舞台,那就从小的地方做起,寻找生活中小的舞台。她开始跟亲近的朋友一起去练歌房,当着大家的面唱自己拿手的歌;在家里的时候,她便把爸爸妈妈拉过来当观众,分享自己创作出的新歌曲,而爸爸妈妈也能够从专业的角度给予她意见和建议。渐渐地,她能够自如地在亲近的人面前唱得更好,开始在更多的亲友面前展示自己的歌喉。

　　一次偶然的机会,夏利的父母看到了一个歌唱比赛的报名

第1章
做最棒的女孩不容易，首先你必须要肯定自己

广告，他们想给自己的女儿更大的舞台，想让她突破自己的极限，于是便帮夏利报了名。拿到报名表的夏利心里又开心又忐忑，她明白父母的苦心，也想在歌唱的道路上走得更远，于是便认真地准备这次比赛，想看看自己到底能够走多远。

比赛场上，一曲过后，夏利得到了更多的肯定和掌声，她晋级了。她明白，自己还有很大的进步空间，于是，她更加努力地练习和准备下一场比赛。

夏利未来的歌唱道路还有很远，还有更多的地方需要学习。夏利在最初的时候能够主动给自己一个舞台，这就已经是在通向精彩人生的道路上迈出了很重要的一步。在生命道路上，你需要适当地给自己创造机会，体会到自己的实力给自己带来的成就感，这样才能给自己更大的力量来面对接下来的道路。

人生自当活得潇潇洒洒，给自己更多的机会来闯荡出自己的一片天地。当然，人生怎么可能一直一帆风顺，即使失败了，也不用觉得自卑，谁的梦想之路不是荆棘丛丛？失败了说明自己的实力还不够，更能助你找到自己的不足之处，为自己的成功打下更加坚实的基础。

乐观的心态是灰暗时刻的良药

一个朋友在一次事业受损之后，写过一篇文章，里面有一

 做最棒的女孩

句话让我深思了很久：谁的生活不是一地鸡毛！但是搞到一团乱麻满地鸡毛之后，生活还是得继续过下去，乐观就是一种生活态度。

上帝给了这世间万物不同的生命形态，即便是相同的生物，也有不同的生命轨迹。行走在这世界的土地上，谁不曾经历过自己的劫难，谁不曾在心酸过后崩溃不已，谁不曾在大梦初醒后悔恨万分，自己一个人躲在角落里号啕大哭？

可是人生这盘棋还是要继续走啊，还是需要自己一个人打起精神来，克服眼前这种种磨难，面对新一天的朝阳，乐观并且有感染力地走好下一步棋！

阿珍在目前就职的公司里是一名相对有资历的员工，同时也是一个3岁孩子的母亲。自从毕业之后阿珍便进入了这家公司，5年过去了，她已经从一名默默无闻的基层奋斗到了几十个人的团队的领头羊，这里见证了她飞扬激越的青春，也见证了她曾经努力过的那些时光，其中的艰辛又有谁人知晓？

就在前一段时间，阿珍经历了她人生中特别灰暗的一段时光。由于阿珍过于严苛的管理方式和大量的工作任务，有不服气的下属对她有太多的埋怨；同时，家里也不让她省心，新买的房子需要装修，装修队三番两次不按合同规定的日期完成工作任务，因为这件事情，她与老公发生了好几次争吵，恰巧这个时候孩子也生病了，需要跑前跑后地在医院里奔波，为此，阿珍一度处于崩溃边缘。这边的工作依旧放不下，还是得照常

第 1 章
做最棒的女孩不容易，首先你必须要肯定自己

上班，可是时常挂念家里让阿珍的工作状态很差，开会的时候经常陷入沉思不说，在一次重要的工作中，阿珍犯了一个严重的错误。

在那次的招标会议上，作为团队的负责人，阿珍没有再三核对招标材料，导致报价数据有误，最终他们失去了这个对公司相当重要的大单子，而阿珍最近的状态确实有目共睹，于是阿珍便辞职了，离开了这个曾经梦想要大干一场的地方。

但是，生活还是要继续啊，明天的太阳依旧会升起，人不能一直停留在昨天的一地鸡毛之中不愿意往前面追赶。于是短暂的休整期之后，阿珍便又拿出满满的激情去向另一个航向，她重新面试，寻找新的工作。凭借着优秀的履历，阿珍顺利找到了一份新的工作，在全新的起点，阿珍也重新找回职场上的那股子往前冲的劲头。

梦想是天边最耀眼的光，而坚定的信念则是掌握在自己手心的桨。面对困难，阿珍没有留给自己过多抱怨的时光，她用自己内心的阳光驱赶生活中的灰暗，而她也做到了让自己不再迷茫，重新拾起手中航行的桨，走向生命更远的航向。

生命就是场持续打怪的升级战，迎面出击才是跨越每一次障碍最强有力的方法，当你经历过一次磨难，你便有更加强大的力量乘胜追击。那时候你会感谢那个没有在关键时刻放弃的自己，是乐观坚强的你成就了现在一帆风顺的自己。

做最棒的女孩

积极运用自我暗示，让自己精力充沛

现代社会是一个快节奏的社会，在一个个钢筋水泥包裹的大城市里，迫于生存的年轻人一直不停地奔忙在自己应该坚守的岗位上，因此，也便有越来越多的人有或多或少的心理问题。其实，压力是一把双刃剑，适当的压力可以给人更大的动力去面对不想面对的事情，而过度的压力则会给人带来许多心理疾病，这些病症会拖累你的身体和心灵，甚至有很多人承受不了过度的心理压力而选择结束自己的生命。

适当地排解压力渐渐变成了新世纪年轻人的必修课，当所有的烦恼迎面涌来的时候，把手边的事情放一放，找个安静空旷的地方放空自己，给予自己积极的心理暗示，告诉自己：你很强大，你是一个优秀的人，你一定可以克服这次遇到的困难，坚强地面对并且勇敢地走下去。这时候的你便已经是一个精力充沛的人，你只需要找到正确的方法来帮你跨越眼前的高山。

通常情况下，正确的自我暗示的句子都有一些相同的特点，找到合适的方法自我暗示才能给自己更多的力量，而过度的自我宽慰可能会带给你新一轮的心理打击。首先，你需要的是一个简洁有力的句子，并且这个句子是可以让你在迷茫时期瞬间点燃内心火焰的句子，如：我越来越强了！其次，这句话必须是一个积极的语句，能够最直接地激励自己。不能用"我不想再这么软弱下去"这种主观求救的句子，要用"我要变得

第 1 章
做最棒的女孩不容易，首先你必须要肯定自己

更加强大"这种积极的句子。最后，这个能够时时激励你的句子必须得是可以实现的，没有可行性的目标永远只是一个幻想，稍微努努力便能看到成果的才是你近期需要实现的目标。短暂的成就感能够给你带来继续努力的力量。

马上就要春节了，各个公司的企划部都在紧急准备即将到来的年会，给所有辛苦了一年的小伙伴热热闹闹地为一年的辛苦做好收尾，为来年开启新的篇章。佳明是一个多才多艺的姑娘，能歌善舞，但是这次公司交给了她一个从来没有尝试过的任务——主持，这对于佳明来说是个不小的挑战。

虽然主持稿已经烂熟于心，也已经在公司经过了好几次排练，但是真正到了上场的时刻，佳明还是紧张得有些不知所措，不经意之间声音便会颤抖，好几处台词都说错了，幸亏搭档是一个经验丰富的老手，积极地救场，才不至于让场面变得更加尴尬。在第一次间隙的时候，身旁的搭档告诉她："紧张的时候就深呼吸，在心里告诉自己一定可以，积极的自我暗示会缓解一部分心理压力。"再次上场的佳明经过一番调整已经可以正常地把台词表达出来，由于佳明本来就有舞蹈表演经验，于是越来越放松的她已经可以自在地表达自己的观点。

最终，本次年会圆满结束了，而佳明凭借优秀的表现得到了主管的表扬，而佳明也发现了自己的另一项技能。

人就是在不断的试错中成长起来的。严峻的局势总是会给人带来压迫的感觉，紧张是避免不了的，适当地调节自己的心

理压力，主动给自己积极的心理暗示才能像佳明一样逐渐地控制全场。

自信的力量能够让人走得更远，面对困难时，有时候你会强大到自己都为自己惊叹。告诉你自己：我永远都是最棒的，才能在各种艰难险阻中突出重围，走向布满鲜花的远方。

换个角度看待批评，你会豁然开朗

从小到大，大家都没少受到来自老师、家长的批评，同龄人的攀比和冷嘲热讽的打击吧！不管是还在读书的时候，还是在工作岗位上，我们都会遇到来自不同的人的批评和打击。当你做得不好的时候，老师和家长会悉心地教导你，也会针对你做得不好的地方批评你；当你做得好的时候，总会有那么一些人看不到你的辛苦付出，对你的努力嗤之以鼻。

当然，在你接触到这些负面信息的时候，你难免会沉浸在低气压的气氛之中。人是一种群居动物，在群体生活中总需要寻找同伴的认同感来增添自己的满足感，所以这些批判总会使人低落。但是，每件事情都有其两面性，换一种角度来看待这些批评，也许会得到意想不到的收获。

老师家长的批评是为了让你找出自己的所错之处，也许你看不到自己错在哪里，而他们总是能够给你很多的建议，也许

第1章
做最棒的女孩不容易，首先你必须要肯定自己

他们是使用一种批评的态度，但正是这种令人印象深刻的批评方式才能让你对这次的失误有更加深刻的认识。还有那些对你冷嘲热讽的人，更加不用放在心上，正是自己得不到的东西，才会让人心生妒念。而这些或善意或恶意的言辞，能够让你拥有更加努力的决心。

袁姗姗是中国新生代女演员，她的成名之路要比很多人都艰辛得多。作为新人出道的袁姗姗出演了几部古装电视剧，凭借着较高的话题度，袁姗姗渐渐地走进了大众的视野，同时，也是因为这几部古装电视剧，袁姗姗承受了巨大的心理压力。虽然这几部电视剧话题度很高，但是负面评价明显处于上风：剧情单一、造型诡异，网友甚至喊话，让袁姗姗滚出娱乐圈。这对于一个刚出道没多久的姑娘来说无疑是巨大的伤害。那一段时间，袁姗姗在网络上被骂得体无完肤，铺天盖地的网络暴力让她一度痛苦不堪，但是，坚强的她没有因此自暴自弃。

她相信没有得到大家的认可是因为自己的专业能力不够强，便潜心修炼自己的演技。同时，袁姗姗开始在网络上发起"爱的骂骂"的活动，邀请众多网友集中火力骂她，每条评论她都会捐出5毛钱，随后，她用这笔钱救助了4个残疾孤儿。再次出现在大众的视野中时，袁姗姗晒出了自己的马甲线，自此便拥有了"马甲线女王"称号，更是引发了运动健身的狂潮，成为了众人心目中的励志女神。演技上，袁姗姗更是如鱼得水，塑造的人物有血有肉，更加有感染力。由她主演的电影

 做最棒的女孩

《煎饼侠》票房突破10亿元，更是让她成为当年的"10亿+"女主，并且拥有了自己的个人工作室。

面对铺天盖地的网络暴力，袁姗姗能够正视它，并表示：网络的诞生也不应该是为了制造困扰，而是为了让生活变得更加美好。请大家善用语言，让人言可敬。是啊，我们不应该让这世界上最美的语言成为攻击他人的利器。而当这些利器插在你身上时，你首先应该做的就是完善自己，提醒自己与自己梦想中的未来还有多远的差距。

明天的太阳依旧会升起，不要沉浸在昨天的黑暗中无法自拔，要让他人无端的漫骂成为自己手中的利剑，用自己的成就来反击就是给自己最好的答复。

第2章

在学习和阅读这两件事上，比别人更勤奋和努力

书是人类进步的阶梯，在快速发展的21世纪里，当你不知道你要做什么事情的时候，那就去读书和学习一项你自己很久之前就一直想学习的技能，因为，即使这个世界瞬息万变，学习和阅读也依旧是这个世界上唯一的真理。

在学习这件事情上，永远不要觉得辛苦或者浪费时间和金钱，因为任何一项学习都是值得努力的，都会沉淀在你的思想里。学习就是对自己的长期投资，短期内看不到任何收益并且一直在输出，长久下去就会看到最终的变化，等到需要用到的时候便会信手拈来。

阅读是一件很优雅的事情，尤其对于女孩来说，古典诗词会让你的行为举止都变得更加的优雅。

 做最棒的女孩

勤奋永远是成功的敲门砖

唐代著名的文学家、思想家韩愈有一个名句是:"业精于勤荒于嬉,行成于思毁于随。"翻译过来的意思就是:"学习必须得靠勤奋才能够达到精湛的地步,如果一味地贪玩,那便会荒废;德行必须要靠思考才能形成,如果一味地跟随旁人的不雅行为,就会毁掉。"是啊,几千年前的人便已经懂得只有靠勤奋才能让自己的道路越走越宽。

传说古罗马人有两座伟大的圣殿:一座是勤奋的圣殿,另一座便是荣誉的圣殿。只有凭借自己的努力跨过勤奋的圣殿,才能到达属于你的荣誉圣殿。如果有人想投机取巧,试图绕过需要努力的勤奋圣殿,那么他就只会离荣誉的圣殿越来越远。你只要明白:勤奋是通往荣誉的唯一道路,保持勤奋,你就能够风雨兼程地走向自己的荣誉圣殿。

在读大学的时候,秦霜就是一个特别刻苦的人,本科学习市场营销的她在别人都休息的时候也一直在积极地参加各种社会实践,4年以后,秦霜以优异的成绩毕业了,进入了一家房地产经纪公司从事销售类的工作。

起初,没有资源的秦霜过得异常的辛苦,但是她并没有退缩,也没有任何的抱怨,只是自己默默地找资源。当别人都

第 2 章
在学习和阅读这两件事上，比别人更勤奋和努力

在公司里刷手机的时候，秦霜会把所有能打到的电话全部打一遍。每次有新上的客户的时候，她都特别周到地问清楚客户所有的需求和避讳的地方，并且尽自己最大的努力帮助客户找到他们想要的房子；并且当天晚上她必定会给客户进行回访，问清楚客户的意愿和想法，如果客户不满意，她就一定要在当天晚上帮他找好第二天要看的房子。

就这样，秦霜不知白天黑夜地工作着，有时候已经到晚上10点钟了，公司的其他小伙伴早都已经到家了，她还在公司里忙碌着。秦霜说："当天的电话一定要当天打完，当天的事情一定要当天处理完，因为明天还有明天要做的事，一味地往后推，只会让事情越积越多，最终面对如此大的工作量，便会在心里产生懈怠。"

就这样，从毫无资源的职场小白，到拿到公司的销售精英的称号，秦霜花费了一年的时间。在这一年里，她也有想过要放弃，但是她都坚持了下来，因为她相信在这个世界上没有一直坚持努力、勤奋刻苦拿不下的事情。勤奋是通往成功唯一的捷径，如果你没有天分，那就拿出自己勤奋的样子来，因为勤能补拙，用勤奋来弥补后天的不足是你在这条路上走向成功的唯一方法。

很多初入职场的人都会面临一些困局：不管从事哪个领域，也不管从事什么样的工作类型，都会经历被冷落的一段时间。你无法接触到你所从事的那个职业的核心工作，你无法发

挥自己的真正实力，也无法表现自己对专业的各种想法，甚至你在做的只是端茶倒水、整理资料的打杂的工作。但是越是在这个时候，你越是需要勤奋的加持，你可以观摩其他的前辈的工作状态，学习他们的经验，等到机会来临的时候，便可以更加自信地展现自己。这样你才能离成功越来越近。

成绩并不是人生最重要的事

小时候的你是否也为自己的考试成绩暗暗发愁，并且羡慕别人家的孩子，因为别人家的孩子总是能在考试中拿到很好的成绩？也许你暗暗地在心里告诉自己要好好学习，每天做作业做到半夜，背单词背到上下眼皮一直在打架，但是依旧没有什么起色。

在学生时代的努力过程深切地关系到孩子未来的道路，孩子不仅要重视学习成绩，养成良好的学习习惯和生活习惯，以及找到属于自己的学习方法也同样重要。与此同时，你还需要找到能与自己相伴一生的兴趣爱好，因为生存之路千万条，也许你所坚持的兴趣爱好就是你的特长，并且可以以此谋生，这也是一件很幸福的事情。

张欢的妈妈在她小的时候从没有过分地要求她每次考试必须考到什么样的名次、什么样的分数。她刚刚开始有记忆的时

第2章
在学习和阅读这两件事上，比别人更勤奋和努力

候，就一直跟着妈妈看书。妈妈是一个特别喜欢看书的人，每天吃完晚饭、所有的事情都处理完之后，妈妈便坐在沙发上看书，不管是报纸、杂志还是专业的书籍，都看得津津有味。家里没有书房，但是在客厅有一个很大的书架，上面摆满了各种书。一开始，张欢只是乱翻，看书上各种美丽的插图，妈妈看她有兴趣，便开始教她认字，并找一些适合她的书给她读。

到了上学的年纪，张欢认识的字已经比同龄人多得多。渐渐地，张欢认识的字越来越多，便可以阅读越来越多的书。在图书的世界里，张欢能够了解到很多现实世界接触不到的新事物，并且可以学习到自己短时间内探索不到的思想深度，这是图书带给她最大的惊喜，也是张欢最迷恋的地方。书看得多了，张欢便开始慢慢地学习写作，一点一点地坚持，并且逐渐地展现出了自己在文学上的天赋。

在学业上，文科很出色的张欢，在理科方面并没有很优秀，虽然总体成绩不够优秀，但张欢没有因此放弃自己对文学的兴趣。而张欢的妈妈也很支持她的决定，鼓励她做自己想做的事情，并不需要为自己不擅长的事情伤心，其余科目成绩不好没关系，只要自己每天都有成长，那这一天就没有荒废。

在写作这条路上，张欢也吃了很多苦，但是张欢享受文字从笔尖流出的愉悦。渐渐地，她开始崭露头角，在一些写作比赛上拿到奖项。高考的时候，张欢毫不犹豫地选择了自己最爱的文学专业。她想在文学的道路上找寻更深层次的理解，并一

做最棒的女孩

直坚持自己的写作梦，成为一名优秀的作家。

人生的道路上有很多的事情需要去做，你不必一味地沉浸在学习成绩的得失之中。日子总要过下去的，思想品德很重要，身体健康很重要，拥有一项自己很爱的可以坚持终生的兴趣也很重要。

自学是人生最强大的核心竞争力

在21世纪，在这个竞争激烈的社会里，科技在不断地发展，层出不穷的新兴职业不断地吞并传统行业。越是在这个时候就越考验一个人的学习能力，因此在这个时代里，自学是一项很重要的能力，只有拥有自学成才的能力，你才能够轻松应对未来将要发生的一切变数，在变化中找寻不变的真理，随时找到适合自己的岗位和行业。

读书的时候，为了提高学习的效率，老师在每堂课的结尾都会说："下节课我们要讲下一节的内容，请大家提前预习一遍，把看不懂的重难点标注出来，上课的时候重点认真听讲。"在这个时候，预习就相当于自学的过程，我们在自己学习的过程中，不仅在充分发散自己的思维，而且能够锻炼并增强自己的自学能力。

王晓宁是一个热爱漫画的开朗的姑娘，从小便开始看各种

第 2 章
在学习和阅读这两件事上，比别人更勤奋和努力

类型的漫画，家里的书架上摆满了她收集的各种漫画。她也很喜欢画漫画，初中就开始模仿漫画里面的画作，没有任何功底和学习经验的她凭借着自己的天赋也画得像模像样。然而，在高考选择专业这一关上，她受到了家里人的阻碍。王晓宁希望选择自己最爱的漫画相关的专业，准备报考动漫设计，但是父母则更希望她能够报考师范类或者财经类的专业，因为在父母的眼中，对于一个女孩子来说，选择适合的并且比较好找工作的专业更加重要。

于是，拗不过父母的王晓宁选择了师范学校，但是内心的热爱始终是挡不住的。在完成自己专业课程的时间之外，王晓宁一直在坚持自己的漫画梦想。做漫画不仅需要有绘画功底，还需要有故事编辑能力，并且需要想象力。只有综合了这些能力，才能创作出一副优秀的作品。这样一个过程虽然辛苦，但是王晓宁乐在其中。与此同时，王晓宁也开始关注一些漫画比赛，找适合自己的进行投稿，虽然没有赢得特别大的奖项，却给自己增加了很多经验，同时也学习到了很多自己一个人默默努力无法学习到的知识。

毕业之后，王晓宁还是遵照自己的梦想选择了漫画行业，从一个漫画师助理开始做起，并非专业出身的王晓宁非常珍惜这次工作机会。

没有经过任何正规训练的王晓宁凭借自己自学的能力渐渐撬开漫画世界的大门，在这样一个过程中难免有很多艰难，从

027

一开始父母的不支持，到后来工作中要面对的更多的困难和更多要学习的东西。但是，只要自己掌握了自学的能力，不管多么困难，都一定会攻克它。

在这个时时变化的世界里，以快捷、有效的方式获取准确的知识和信息，并且可以将它转化成自己的知识储存，是企业评判人才的标准之一。所以我们要训练自己对新知识的接受能力，做好时间管理，确定切实可行的学习目标，从实际出发，一步一步打造更加优秀的自己。

打造全局思维观

一个企业能够全面地运转靠的是一个优秀的领导者的远见，而作为一个优秀的领导者往往能够从一个细小的问题中看到公司的整体运营情况。一个健康的企业应能够在多方面进行全面协调发展。不管是财务、人力还是公司的整体架构，都决定了这个企业的命运。

面对一个比较重大的难题的时候，我们往往会陷入一个困局之中，考虑到各种利益相关因素，纠结于各种千丝万缕、抓不住的关联，觉得这是一个怎么做都无法解决的难题。越是这个时候就越是不能慌乱，我们需要站在高处想问题，不管是好的还是坏的因素，全部要列出来，排除那些细枝末节，抓住重

第 2 章
在学习和阅读这两件事上，比别人更勤奋和努力

点，对症下药，也许这个难题就会变得容易多了。

负荆请罪的故事想必大家都在小学时候的课本上学习过。

廉颇和蔺相如同在赵国为官，两个人一个才华横溢，为赵国作出了极大的贡献；另一个战场英武，拥有着攻城野战的巨大功劳！但是，在封官进爵时，蔺相如拿到了比廉颇更高的官位，为此廉颇心里不是滋味儿，并且明目张胆地说要给蔺相如难堪。

听到了这样的言语，蔺相如便经常称病不去参加早朝，减少和廉颇的碰面，以免产生更大的摩擦。但是，终究会有碰到的那一日。那日，在邯郸城内，廉颇和蔺相如在一条街迎面相撞，廉颇的轿子横在路中间挡住了蔺相如的去路，于是蔺相如便让轿夫退回去，从小巷子里绕过去了。

蔺相如的门客不解地问道："您的官位明明在廉将军之上，为什么您要这么惧怕他呢？"蔺相如说："如今秦国不敢轻易攻打赵国，就是因为有我和廉将军在，若是我俩不和，便会让赵国少了最大的筹码，我何必逞一时之快，陷赵国于如此境地呢！"廉颇听到这些话，自愧不如，于是便上门向蔺相如负荆请罪。

蔺相如面对廉颇的刁难，为了赵国的安危，处处忍气吞声；廉颇为了大局着想，也放下自己的面子和骄傲，脱掉上衣负荆请罪。他们都是站在全局思维之上做事，为了国家的安危，放弃一己私利。

侦探在侦破案件的过程中，往往会面对很多迷惑性的证据，那个时候，他们会站在整个案件的角度之上，合理地分析所有的证据，排除不相关的，找出那些相关的相互串联，一步步推理，便能够让整件事情水落石出。当我们处在迷局之中、不知该走向何方的时候，不妨先放下眼前的障碍，闭上眼睛，想一想到底该往哪个方向走，也许就会明朗起来。

在任何时候，我们都应该把自己的目标放得长远一些，抓住我们要完成的那个比较大的目标，只要能够完成它，即使中间有过一两次的失败又有什么关系呢？就像读书的时候，每个学年都会有一两次的月考成绩不能尽如人意，但是，只要我们在平时抓住了每一个需要掌握的知识点，即使月考考得不是很理想，我们依旧可以在决定命运的大考试中展示自己的实力，只要达成了最后的结果，那我们就是成功的。

互帮互助才能共赢

这个世界每天都在不断地出现新奇的事物，总是会有我们没有接触过的知识，所以向别人请教问题是一件特别平常的事情。

关于向他人请教，也有很多需要注意的地方。首先，请教他人问题时必须得恭恭敬敬，既然对方能够成为你的请教对象，就说明他在这一方面有很深入的了解和研究，是一个需要

第 2 章
在学习和阅读这两件事上，比别人更勤奋和努力

尊重的人。没有人必须为你解答什么问题，既然你需要他把自己所学的知识传授给你，便需要毕恭毕敬，给足尊严。其次，请教不分对象，不管是什么阶层，是什么行业，只要能够给你答疑解惑，就能够成为你的老师。三百六十行，行行出状元，每一个行业都有其独特的行业规范，都有值得学习的地方，而每一个请教对象都是一个需要尊重的智者。最后，当你的问题得到解答后，你需要对施教者加以感谢，也是对他伸出援手的回馈。

同样地，当你成为某个领域相对优秀的人时，便会有人向你请教一些问题，这个时候你也有义务帮助他人答疑解惑，当然也有需要注意的地方。首先，对于向你求教的人，你应该给予他足够的尊重，既然他选择向你求教，便说明他认为你是一个有能力的人，能够帮助他解决他目前遇到的问题。其次，你为他人讲解的过程同样可以加深自己的印象，所以，你应该认真对待，把自己所学的知识毫无保留地向他人传授。

班里有一个女孩是一个特别温暖的人，长相甜美的她，学习成绩也很优异，她就是人称小太阳的美妍。每次大家都会在自己有问题的时候去向她请教，她会很热情地把自己所学到的东西跟别人分享，毕竟这样一个讲解的过程，会让自己再次加深印象，所以美妍从来不会拒绝任何一个同学的虚心求教。与此同时，当美妍有什么不会的问题的时候，也会虚心地向其他人请教。面对一个题目，有时候大家可以讨论出更多的解决方

法。在这样一个过程中，美妍的思维便得到了更好的开发，学习成绩也得到了更大的提升。

　　班里还有一个名字叫作沈君的女孩，也是一位大名鼎鼎的学霸，学习成绩也是非常的优异，几乎每次考试都能霸占年级榜首。但是沈君是一个性格比较清冷的人，独来独往的她几乎没有什么可以交心的朋友，她也从来不会向别人请教问题。面对她冷冰冰的脸，同学们当然也是不敢靠近。时间长了，沈君渐渐地变成了一个内向的人，即使有再大的学习压力，也一个人默默地埋在心里。有一段时间，沈君学习状态特别差，上课也无法专注地听讲，等到月考的成绩出来之后，大家也特别震惊，沈君的排名居然掉到了年级30名以后。实在撑不住的沈君去了医院，被查出了有些许的心理问题。她接受了医生的忠告，开始尝试交朋友，而美妍也很热情地跟沈君熟络了起来。渐渐地，沈君变得开朗了一点儿，两个人共同进步，一起走过难忘的高中岁月。

　　从小，我们就被教导要虚心向他人求教，也在践行着这一美好的传统品德。互帮互助，方便了别人，也方便了自己。

　　世界之大，无奇不有，每天我们都在接触全新的不一样的世界，也学习着自己需要学习并且接受的各种新知识。其中，必定有我们不理解的地方，因此，向他人请教也就成为一件必要而幸福的事情。

第 2 章
在学习和阅读这两件事上，比别人更勤奋和努力

专注可以很大程度上提高学习效率

人这一生中，需要持续不断地处在学习的状态中，不管面对哪一个方面的新事物，都需要潜心认真地学习修行，才能让自己不被这个飞速发展、日新月异的新时代给淘汰。同样，面对生存的压力，人也需要不停地汲取新的知识来增强自己的实力，以此让自己的前途之路更加明朗。

在学习的过程中，一定要注意学习的效率，只有将自己的注意力完全集中到当下所做的事情上，才能让所有的精力更加集中，才能把自己的能力发挥到极点，以更短的时间来学习到更多的新知识。

小孩子总是很难集中精神去做一件事，就像我们小时候在课堂上一样，一节课45分钟，大部分人往往能抓住最开始的10分钟认真听课堂上的内容，但是10分钟之后，便开始有人集中不了精神，做一些小动作，随着时间的推移，便会有更多的人走神，不是被窗边飞过的小鸟吸引了目光，就是被刚买到的漫画书夺去了精力。这时，往往是那些成绩优异的人能够做到完全自律，在整堂课上都保持着较为饱满的精力，同时，他们通过自己提前的功课预习来找到自己学习上的重难点，以便能够在上课的过程中选取重点内容集中精神，从而最大化地提高效率。

成年人和孩子的区别就在于成年人能够控制自己的意识并

且有较高的忍耐力。所以当一个孩子在课堂上不知不觉地开始打闹时老师总是在耐心地引导，而成年人如果不能耐心做一件事情，就会得到不一样的眼光。

现代社会各项科技都很发达，手机、电脑成为每个人生活当中的必需品，并且已经成为现代学生学习的一个工具。但是当你在使用手机或者电脑的时候，总是会忍不住想要刷刷新闻，看看视频，不知不觉之中时间便过去了很久。所以要想集中精神，必须得关掉手机和电脑，积极训练，一步一步找到适合自己的学习方法。你可以试着学习一下现代学者、专家发明的一些关于保持专注的方法，比如说番茄钟：随机选取一个自己需要完成的任务，将番茄时间设为25分钟，在这个时间段里必须全身心地投入到学习之中，中途不能做任何不相关的事情，直到番茄时钟响起，进行一个短暂的休息，每4个番茄时段便可以进行一个较长时间的休息。这样的方法不只能提高你的学习效率，长时间下来，你还会发现自己在专注力方面得到了很大的提升。

俗话说，一心不能二用，同时做两件及以上的事情的时候，总是不能全身心地投入，这样所有的事情都没办法高效率地完成。当你一心一意地做一件事情，把所有的精力全部集中在那一件事情上的时候，便会调动自己的大脑，把所有的思绪全部调动起来，这样更有利于难题的解决。所以你在考试的几个小时里，总感觉自己能够做出平时做不出来的题目，这就是最好的验证。

第 2 章
在学习和阅读这两件事上，比别人更勤奋和努力

细节决定成败

俗语有称：失之毫厘，差之千里。在大多数情况下，细节往往能决定成败。在决定命运的重要关头，往往是最沉得住气、抓住最精妙的小细节的人能够获得最后的成功。如果没有一个良好的习惯，任何的理想都只能是一个空想，而这样的一个好的习惯恰恰体现在生活的一点一滴中，正确对待它，才能让自己的人生道路越走越宽。

学生时代，每每考试前夕，老师和家长都要苦口婆心地告诫我们：做题目的时候一定不要粗心，哪怕是一个小小的计算题都一定要严肃对待。因为决定成绩排名的往往是那些没有很大难度的题目，那些能够取得好的名次的学生一定是那些连一点小小的错误都没有犯的人。因此，从小就要养成注重细节的习惯，学习上的任何一件小事都要万分重视。

微微6月便要参加高考了，学习成绩还不错的她在父母和老师的眼中都是一个乖巧的女孩，唯一的不足就是她粗心大意的毛病。如随手拿的东西随手放，放在哪里也不知道，钥匙更是经常会丢的东西；在学习上也是个马大哈，经常不是小数点位数弄错，就是少写一个零，有时候简单的运算题也会写错，这是让父母最担忧的地方。

高考如约而至，而出成绩的那一刻，微微难过地哭了，她离自己梦想的学校只差了两分。而在考试的过程中，有一道很重要的大题微微已经解出来了，但是在算最终的答案的时候却写错了，而这件事也成了微微心中最大的遗憾。

微微暗暗下定决心：要复读一年，并且一定要尽自己最大的努力改掉粗心大意的坏习惯。她开始刻意地把每件容易出错的事情重复做，每次出门都检查自己需要带的东西是否已经带齐全，离开的时候再检查自己待过的地方有没有东西落下了。面对学习中的事情，她更是用了严肃的态度，所有的题目做完之后必须要再检查一遍，做完整张试卷之后所有的计算题目也要再重新算一遍。渐渐地，微微觉得自己已经没有之前那么丢三落四了。端正学习和生活的态度之后，生活会比想象中更加完美。当然，在第二次的高考中，微微以优异的成绩考取了自己心仪的学校。

每个人都是懒散的，做一件事情如果没有强烈的信念，便总是会出错，所以细心需要责任心作为前提。微微在自己下定决心改正自己的缺点之后，便找方法改掉自己的坏毛病，并最终如愿以偿，进入了自己梦想的大学校园。

一个人把一件事情做成功并不困难，困难的是能够坚持把每一件事情都做成功。细心是一种态度，只要坚定并且认真地重复所有的细节，确保没有错误，那便能够把所有的事情都妥善地完成。

千里之堤，溃于蚁穴，不经意之间的一个小的错误有可能会导致整件事情的全线溃败。所以在生活中，我们一定要培养专心细致的美好品质，我们也会因此而得到更大的收益。

第 2 章
在学习和阅读这两件事上，比别人更勤奋和努力

放飞思维，给自己更大的发展空间

企业文化可以直接导向一家企业的风格，而很多公司的企业文化都比较看重创新能力，毕竟在这个竞争激励的社会，创造力就是企业的生产力。任何一个方面的小的突破都可以成为一个企业巨大的卖点，从而令企业实现质的飞跃。

但是现在的年轻人的思想仿佛都被各种的条条框框限制了，在想象力上面，也许成年人还没有孩子来得丰富。多年的应试教育禁锢了他们的想象力，让他们每天只会跟随规章制度办事。试想，这个世界如果没有了想象力，该是多么可怕的一件事！每天重复着同样一件事，吃着同样的食物，做着同样的娱乐消遣，所有人都是千篇一律，毫无个性和差异可言。

有人做了这样一个实验：

在一批已经工作了几年的年轻职员中，实验者在黑板上画了一个圈，并提问道："请问我画的是什么？"所有人回答：数字零，或者字母O，便再也没有其余的答案。是啊，经过了这么多年的教育，能够想象得到的也就是这些跟我们息息相关的东西了吧。其后，实验者去了一所幼儿园，在黑板上画了同样一个圈，问了同样一个问题，孩子们叽叽喳喳讨论开了。有的小朋友说："这是一个好吃的大饼。"有的小朋友说："这是挂在天上圆圆的月亮。"还有的小朋友说："这个是游乐园里飞上天的气球，还有很多不同的颜色呢！"这样的回答是不是

有意思多了呢？

　　培养想象力是我们从小就已经在学习的事情，在没有太多知识限制的时候，我们也曾是能够天马行空的人，所以发散自己思维的时候就要做到：在思考一件事情的时候抛掉所有禁锢你思想的不利因素，试着从完全不相关的角度出发，找寻自己的观点。另外，我们需要有非常广的知识面来支撑我们的想象力，试想，没有见过山河大海的人，怎么能够畅想得到帆船和远方？所以，丰富的知识面能够提升一个人的高度，从根本上提升想象力的来源。

　　马云在一次演讲中说过这么一句话：未来30年是人类社会天翻地覆的30年。然而现在的很多人还依旧沉浸在过去的成就里不肯往前看，这种一贯的惰性很容易将他们拖垮。未来会有很多的行业消失，同时也会诞生很多的行业，所以我们不必担忧什么，只要做好自己，抓住新时代的机会，用自己的实力创造出跟别人不一样的东西，我们就能够抢占先机，找准自己的事业的位置。

　　在生活中，总有感觉到无助的时候，不知道世界这么大，哪里才是自己的容身之处。为什么就没有一条通向自己的康庄大道？为什么偏偏就是自己走的那条路是不通畅的？实际上，并不是自己不走运，而是自己非要一条道走到黑，即使碰到了死胡同也要苦苦执着。也许开辟一条全新的道路更适合自己呢！

第3章

女孩更要学会自我管理，提高情商和增强思维能力

　　自我管理是一件极其苛刻的事情，要想活成自己想要的模样，就必须能够合理地管控好自己的时间，管理好自己的行为，让自己更加从容地对抗所有的惰性，拥有更加自由的可管理的时间。

　　新时代的女性都有一些共同的特点，她们独立坚强、从容果敢，面对杂乱无章的事情总是能够理性地思考解决办法，用强大的逻辑思维能力来梳理好事情的来龙去脉和处理方式上的轻重缓解，平时不惹事，遇事不怕事。她们的强大源于自我管理能力以及高情商高智商，这些带领她们走向更加明朗的世界。

适当的自我激励能够让自己更有动力

每当面对一个特别棘手的问题时，许多人的第一反应总是想要逃避。而那些成功的人总能够打破自身固有的惰性，以积极的态度来面对每一个人生难题。其实，在对抗那些你没有办法提前预估是否能够解决的问题时，终究是有一些独特的方法存在的。因为人的惰性是很顽强的，只有在尝到某些甜头后才会有更大的动力去迎接下一步的挑战。

小艾来自一个普通的小城镇，那是一个生活节奏缓慢并且每个人都过得很安逸的海边小镇，每个人都有自己的生活，勤奋且满足，小艾从小也以为自己会在美丽的故乡度过自己的一生。但是学生时代的一次偶然机会，小艾代表学校去北京参加一次演讲比赛，见到了小镇以外的景色，一路上的沿途风光让小艾沉醉不已，她更是在北京见识了高大宏伟的故宫和长城，这些都在小艾心底留下了深刻的印象。从那一刻开始，小艾就决定：故乡并不是自己的一生，自己一定要去看遍祖国的大好山河，走遍这个世界的各个角落。于是，她设立了自己的人生目标：成为一名风光摄影师。

但是成为一名摄影师是一条漫长的道路，不仅要拥有超强的拍摄技巧，还要有后期制作能力，这些都需要长期练习才能

第3章
女孩更要学会自我管理，提高情商和增强思维能力

获得。大学期间，为了能够获得一次出去采风的机会，小艾拼命勤工俭学，只是为了能够获得一次出远门的机会。虽然每次兼职的过程异常的辛苦，还要完成自己繁重的课程作业，但是小艾依旧乐在其中，因为在此之后的一段旅程将是自己最开心最期待的事。

工作之后的小艾更加活成了自己想要的模样，繁重的工作并没有让她失去原本的生活，她努力地在工作的间隙找寻自己的生活。但是小艾最享受的业余生活依旧是四处走走看看，拍下最美的景色。每当接到一组拍摄任务的时候，繁重的后期工作总是会压得人喘不过气来，对此，在烦躁的时候为自己沏一杯咖啡，找一点舒缓的音乐都是小艾的方法。每次完成工作任务之后，小艾都会奖励自己一段属于自己的旅行时光或者一个自己一直没舍得买的摄影器材，因此小艾在工作中总是精神饱满。正是这样努力的小艾，最终成为多家杂志的专职摄影师，也去到了更多更远的地方，见到了那些让人惊叹的自然景观。

美国著名的管理学家贝雷尔森和斯坦尼尔给出了一个关于激励的定义："一切内心想要争取下来的条件、希望、愿望、动力都构成了对人的激励——它是人类活动的一种内心状态。"对于某一个目标有了强烈的渴求，才会有强烈想完成的愿望，所以，梦想还是要有的，因为，你有想达成的渴求，你才会拼尽全力想要达成自己的梦想。即便你正在做一件对你来说没有很强烈的吸引力的事情，你也可以设立一个能够帮助自

己完成的小激励：只要你完成了这件对你来说很有难度的事情，就奖励自己一个很想要的生活物品或者去做一件自己一直想做却没有做的事情，这样做这件事情的动力就会增强很多。

长此以往，你就会发现自己变得远比想象中更加有毅力，不管做什么事情都更加有动力。成功的品质有很多，而这些品质终究是为了让自己更加有效率地为自己成功的道路添砖加瓦。未来是自己的，找到更好的方法塑造更好的自己才是最重要的事。

学会忍耐是人生的必修课

功利社会的大环境很容易同化一个人的本性，而小时候的成长环境也能够影响一个人的性格。作为21世纪的新一代年轻人，总是会听到长辈们这样的评价：现在的年轻人太浮躁了，总是想一步登天，不靠自己的努力就想收获最终的结果。当然，这也不是针对全部的年轻人，我们能做到的就是：努力让自己成为一个成熟有担当的人，能够为自己的所做出的任何事情负责，也能够克制自己的情绪，做人生最重要的事。

工作中总会有失误的时候，这个时候难免会受到领导善意的责骂，有时候会遇到一些真性情的领导，没有理会下属的心情，而是严厉斥责。这个时候总会有不满或者委屈的心情，但

第3章
女孩更要学会自我管理，提高情商和增强思维能力

毕竟是自己做错了，总得为自己的错误行为负责任，所以暂时的忍耐和及时的弥补才是对公司最好的交代。

从小家境还算富裕的田晓萌是父母的掌上明珠，她的父母崇尚女儿要富养的观念，对她百般宠爱，也成功地把田晓萌养成了一个大小姐。她性格特别急躁，一点儿忍耐性都没有，若是父母没有把一件事情提前帮她安排好，她便会大吵大闹。在学业方面，她并不十分优秀，但是也如父母心愿考上了某二线城市的一所本科院校。

毕业之后，在父母的帮助下，田晓萌进入一家公司担任总监助理的工作。这个总监是公司出名的完美主义者，要求每件事情都要做得尽善尽美，对所有的下属都一视同仁，要求极其严格，只要员工做错了事情，必定会给予严厉的惩罚。田晓萌的父母的本意也是想让她磨炼一下自己的意志，不能总是活在别人的关照之下，要学会控制自己的情绪，学会隐忍，并且能够适应这个竞争激烈的社会。

刚进入公司，田晓萌就接到了一个很重要的任务：帮助总监做一次公司的总结大会，以此褒奖上个月做得优秀的员工，并且给大家加油打气，希望大家在下个月能够取得更好的成绩。但是最终田晓萌还是搞砸了，由于事先没有调试好话筒，主持人全程只能用嗓子喊，外加会议在室外举办，噪声很大，导致整场总结大会效果特别差。总监知道田晓萌是个刚毕业的大学生，但也是经过实习的人总该能够搞清楚事情的重要性。

但是总监没想到她会犯这种低级的错误，便当着全公司的面斥责她。田晓萌哪里受过这等的屈辱，便气冲冲地走了，当然也失去了这份工作。

后来，换了几份工作的田晓萌依旧我行我素，在又一次被辞退的时候，她的经理说："如果你依旧想做一个大小姐的话，那就回家，没有一家公司需要你这种随时向人发脾气的人。"她开始反省自己是不是哪里做得不对：为什么每一份工作都做不好？为什么自己控制不住自己的脾气？从那以后，田晓萌开始反思自己对每一件事情的态度，当她觉得自己已经忍不住想要吼出来的时候，便会条件反射地想道：我发脾气到底有没有意义？渐渐地，她开始能够掌控自己的情绪，自己的职业道路也开始慢慢地走入正轨。

田晓萌只有反思自己的不足，慢慢地修炼自己的忍耐力，才能更适应这个社会。

学会忍耐是人生的必修课，保持平和的心态才能踏实地走过这漫长的一生。

急于求成往往会造成令人后悔的结果

即便你对某个目标有多么强烈的渴望，也不能急于求成，而要控制自己的冲动。人在冲动的时候总会做一些自己能力范

第3章
女孩更要学会自我管理，提高情商和增强思维能力

围外的事情，也有可能会做一些清醒之后连自己都无法理解的事情。

这个世界充满诱惑，总有人为了金钱和权势争得头破血流。而随着年龄的增长，人接触的东西越来越多，人的欲望也会变得越来越可怕，想要的东西也会变得越来越多，很多人从刚开始单纯的小白兔变成那个连自己都会厌弃的人。所以，人要适当地控制自己内心的欲望，因为，被利益控制的心灵有时候会不受自己的控制，甚至做出连自己都觉得可怕的事情。

小学时我们就学过揠苗助长的故事，这个故事的主人公就是一个典型的被利益支配的人，能够给我们很深刻的教训。故事里的农夫一心想要让自己的禾苗快速地成长起来，于是每天都去田地里观察禾苗的长势。可是，一天、两天，接连很多天看下去，禾苗的长势并没有什么明显的变化。因此，农夫在田边着急地走来走去，并且自言自语道："我得想个办法，让它们长得快一点才行。"终于有一天，农夫想到了一个办法，便兴高采烈地跑去田里，把所有的秧苗全部拔高了一截，花费了好几个小时后，农夫虽然已经筋疲力尽，但还是兴奋地跑回家把这个"好消息"告诉了家人。农夫的儿子听到这个"好消息"便激动地跑去田里，想看清楚状况，可是这个时候，秧苗已经都耷拉下了脑袋，眼看着就要枯萎了。

每个人都希望不付出什么努力就能够能收获成功的果实，

但是，天上不会掉馅饼，想要达到自己的目标，就要控制自己急于求成的欲望，踏实有效地做好每一步的工作，这才是正确的努力方式。故事里的农夫为了能够早点看到秧苗结出果实，白费力气帮它长高，最终也尝到了急于求成的代价，那一年田里的颗粒无收也会给他更为深刻的教训。人生的阶梯不能跨越，得一步接着一步地往前走，如果越级太多，便一定会摔倒，最终只能拖着受伤的腿眼睁睁地看着别人从你的身边一跃而过，这便是冲动的后果。

当然，身为年轻人的我们总是血气方刚，总会有冲动的时候。所以，当已经感觉到自己的情绪有巨大的波动时，一定要尝试让自己快速地冷静下来，或者用深呼吸控制你内心的起伏，或者转移自己的注意力，让自己的精神不要集中在这件让你火大的事情上。过了一段时间之后，当你的情绪已经足够地冷静时，再重新回过头来想这件事情的得失，这个时候你就会发现事情已经远远没有当时那么棘手，而你也会庆幸自己没有做出什么冲动的事情。

当然，最重要的事情是增强自己本身的实力，见过大世面、经验丰富的人一般能够沉着地面对突然发生的情况，因为他们有足够广阔的知识面来思考这个情况需要怎么解决，所以总能够兼顾全局，沉着地解决事情。所以不要急着做自己想做的事情，而要控制自己的冲动，并且好好充电，你一定可以攀登上属于自己的高峰。

第3章
女孩更要学会自我管理，提高情商和增强思维能力

同情心让世界更加温暖

一千个人的眼中有一千个哈姆雷特，世界上的每个人都有自己独特的想法，也总有自己与众不同的命运。有的人生下来就含着金汤匙，衣食无忧，在父母的心尖上长大；也有的人从小就过着吃了上顿没下顿的日子。所以，我们见识了很多可怜的人，有渴望读书却没有条件的求知的儿童，有天生就有不治之症的儿童。对于这些不幸的人而言，也许你的一个小小的善举，就能改变他们的命运。所以，同情心是这个世界上最温暖的一种特质，它让这个冰冷的世界变得异常的有光芒。

我们都成长在父母的庇佑之下，虽然没有大富大贵，但也是在父母满满的爱中无忧无虑地长大。所以，我们暂时还体会不到这个世界的艰辛。但是，换位思考一下，当你处在寒冷饥饿之中的时候，你也会希望有人能够给你一些食物和一个可以取暖的火炉，就像卖火柴的小女孩，面对一丝的火光都能幻想出一顿美味的大餐。所以，给别人温暖会让这个世界更加温暖，也会让自己的内心更加富足。

闫爽是一个温柔的姑娘，也一直是街坊四邻眼中的好姑娘。从小就善良的她被骗过好多次，但是面对别人的求助，她依旧会再次伸出援手，因为闫爽觉得换位思考，如果自己身处危急之中，一定也特别希望别人能够施以援手，这个世界如果没有一丝温暖，冷冰冰的，该让人多么心寒。

大学毕业之后的闫爽也开始面临着普通大学生都会面对的找工作的环节，本身就很优秀的闫爽也需要面对企业的单方面选择，而起初的过程并不是很如意，在一次面试的路上，闫爽看到了一位衣着朴素的老爷爷不小心摔倒在了路边，围观的人有很多，但是没有人敢上去扶老爷爷起来，闫爽见状，赶紧把自己的电瓶车停在路边，扶着老爷爷往附近的医院走去。老爷爷十分感动，希望能够留下闫爽的联系方式，等以后再正式感谢她，但是闫爽觉得没有必要，就婉言谢绝了，等到老爷爷的家人赶来的时候，她便悄悄离去了。

随后，闫爽便匆匆赶去面试，正巧赶上了面试的最后一个名额，闫爽优秀的专业实力让面试官折服，于是便被录用了。跟闫爽同期实习的还有一个优秀的小姑娘，但是本次工作机会只能留给一个人。那位姑娘是一个冷淡又孤僻的人，平时也跟人没有什么交流，同事之间的聚餐和相互帮忙她基本都不参与。实习期结束之后，进入董事长的终面环节，而恰巧给她们俩做最终面试的人就是闫爽面试那天路上帮助的老爷爷，这件事让闫爽很是惊讶。

最终在两人工作能力相差不大的情况下，闫爽留在了公司，因为面对两个工作能力相差无几的人，在董事长看来，有人情味的人更值得选择，这样的人会有更强的责任心来对待工作中的每一件事情。

这个世界还是好人更多一点，因此这是一个处处充满爱的世界。当我们看到需要帮助的人时，不妨设身处地地想一想：当我们处于这样一个处境中时，是不是也很需要有一个人能够伸出援手给予支持呢？也许一个小小的帮助就可能带给他人大大的转机。

当然，我们也不能过度泛滥自己的同情心，这个世界上有太多需要帮助的人了，如果你自己的处境并没有那么好，只是刚刚能够支撑自己的生活，那么你可以选择用别的方式来帮助别人，也许一个暖心的微笑就能拯救一颗灰暗的心灵。

让自己作出的每一个决定都有价值

不管是男生还是女生，都应该培养自己独立的性格，拥有明辨是非的能力，有自己的原则，并且坚持自己的原则，绝不越过自己的底线，让自己作出的每一个决定都是有价值的。

张敏敏就是家里的小公主，家境优越的她从小就没有为自己的生活和学习操心过。她所有的衣服都是妈妈给买回家，早上妈妈给挑好了放在床头；书包都是妈妈整理好了挂在她肩膀上，上下学都是爸爸开车接送。包括所学习的内容，国际学校是父母选好的，所有兴趣班也是按照父母的意愿来报的。在父母的陪伴之下，她走过了很长的人生路，也是在这种溺爱的环境之下，张敏敏渐渐地失去了自己的思考，也失去了自己的灵魂。

有一次张敏敏走在街上，突然出现一个衣着简单的男生跟她搭讪，这个男生高高瘦瘦的，看起来很是阳光，简单的介绍之后，这个男生表明了自己的来意，说他来自一家慈善机构，目前正在帮一家孤儿院的孩子募捐，因为其中有一些被遗弃的孩子身体有某些缺陷，此次募捐是为了帮助他们及时就医。

张敏敏想都没想就把自己身上带的现金都给了他，除此之外，还把自己价值几万块的手表一并交给了他。几天之后，有一次看手机时，张敏敏被一则新闻吸引了目光，因为报道中的"主人公"之一就是上次找她募捐的男生，原来他们是一个诈骗团伙，已经用类似的手段骗取了大量的财物，最近终于落网。

其实张敏敏也是一片好心，但是她缺少分辨是非的能力，只要她进一步确认男生的身份，让他出示证件，或者实地去考察这家孤儿院，都能够很好地分辨出整件事情的真假。

所以亲爱的女孩，你要做一个考虑事情严谨的人，学会分辨这个世界的善恶美丑，遇到困难也要仔细分析这件事情到底是不是正确的，再考虑这件事情该如何做才能更好地解决，不要一味地逃避，总有一天你需要长大，需要独自去面对这个世界上所有的悲喜。

另外，不管做什么事情，都要坚持自己的原则，底线是一定不能触碰的。这样才能更好地保护自己，才能让自己在这个人心险恶的世界上更加独立地生存，才能让自己所作出的每一个决定都有价值。

有主见才能更好地掌握自己的一生

很多女生在购物的时候都容易拖沓时间，想买一件商品的时候，选择多了，就会特别纠结。看中了这个觉得挺好的，看了另外一个又觉得性价比很高，再看一个便会觉得也很不错，因此迟迟拿不定主意，便总想去寻求别人的帮助，总觉得别人给出的建议都是好的。其实，这却恰恰是对自己的否定。

每个人的成长轨迹都是不一样的，因此形成的人生观和价值观也是各有不同的。比方说在买衣服这件事情上，你总是拿不定主意，看着这件衣服穿在自己身上挺好看的，总会想起以往穿上新衣服之后别人的眼光和建议，便又会犹豫不决，甚至去询问他人的建议。其实每个人的穿衣风格都各有不同，每个人的审美也有很大的差异，所以你完全可以不用考虑别人的眼光，毕竟适合自己的才是最好的。

林苗苗从小到大都是同学眼中好性格的人，由于上学的时间偏晚，林苗苗一直都比班上的很多同学偏大一点，所以她也是同学心目中的知心大姐姐。因此，林苗苗也养成了很难拒绝别人的习惯。每次同学喊她出去玩，即使林苗苗本身是不想去的，鉴于同学的苦苦哀求，她也会心软妥协；当好朋友遇到了很大的困难伤心不已的时候，便会找林苗苗倾诉，即使林苗苗当时还有别的很紧急的事情需要忙，她也会停下手中的事情来专心听朋友的诉说，并且会及时地安慰对方。

在自己的事情上，林苗苗是一个拿不定主意的人。高中时，面对文理分科的重要选择，各科成绩都很均衡的林苗苗自己心中也没有特别的偏好，便听从了父母的嘱咐，选择了理科，因为父母觉得理科生毕业之后更好找工作。等到读大学的时候，依旧没有什么主见的林苗苗选择了父母眼中新兴的计算机专业，因为父母觉得现在的社会是一个信息社会，计算机和手机已经普及到基本人手一部，所以这是一个发展前景巨大的行业。林苗苗觉得不排斥，便服从了父母的选择，从此便开始了漫长的敲代码的学习之旅。

大三的时候，跟着其他同学的脚步，林苗苗也开始考研，但是最终的成绩并不是很理想，她决定出来找工作，但此时的林苗苗更加茫然，因为她不是很想从事本科学习的专业，也不知道自己要从事什么行业，所以便在网上海投简历。几轮面试下来，林苗苗有点力不从心，面对别的行业的面试，她真的没有什么可聊的，也没有优势去跟其他人竞争，而自己本专业的面试倒还可以自如地应付下来。面对父母在老家找好的工作，林苗苗第一次作出了自己的决定，既然并不是特别排斥计算机行业，那就从这个行业开始自己的职业生涯。因此，面对已经

录取她的公司，她作出了自己的决定。

一段时间过去之后，林苗苗回想自己人生作出的第一个比较大的决定，心里有一丝欣慰。她觉得，工作的时候并没有学习时那么枯燥，良好的工作氛围也给自己带来了精神上的愉悦。随着能力的增强，面对工作中的种种问题，她也更加得心应手。虽然工作中的辛苦并不能避免，但她已经渐渐学会了苦中作乐！

有些人在面对问题的时候，总是会依赖性地去找别人作出选择，因为他害怕自己作出的选择会产生不好的结果，当别人给出意见的时候，自己人生问题的最大责任便可以推卸到别人的身上。但是，不是自己选择的人生怎么能够叫自己的人生呢！

所以，当你做一件事情的时候，先在心里问问自己到底是不是想做这件事，再想想做这件事是不是有意义，只要自己拿定了主意，作好自己的选择，那便再苦也要坚持，直到成功的那一刻。

做事半途而废的人永远难成大事

坚持是这个世界上最伟大的品格之一。有一句名言一直在激励着我们："坚持到底，就是胜利。"只要你能够不怕艰难地把你手中需要做的事情坚持下去，你就会看到自己的成果慢慢体现出来，自己也离目标越来越近。最终，你会达到自己想要实现的目标，成为自己人生的掌控者。

沈芃芃从小就有一个记者梦，那个梦想是在2008年北京奥运会那个夏天产生的。当时的沈芃芃还在读初中，只是一个14岁的小姑娘，在电视机前面，她看到一批又一批的中国的优秀运动员在家门口拿下了属于自己的冠军奖牌，在面对记者的时候，他们有的激动地披着鲜艳的五星红旗满场奔跑，有的为自己优秀的成绩留下了激动的泪水。从那个时候起，芃芃就想成为一名体育记者，能够把最前沿的体育新闻传递到国人的眼前，传递远在他乡的运动员优异的成绩和激动的心情，这是一件特别令人自豪的事情。

从那天起，沈芃芃的每一步都在向这个目标靠近。因为体育记者是专业性很强的一个行业，它不仅需要从业者具有记者的专业知识，还需要其掌握各种体育项目的比赛规则及简单的入门知识。这对于一个十几岁的小姑娘来说是一件特别困难的事情，但是沈芃芃既然已经坚定了信心，便会不停地为之努力。而她也深切地明白，对于她现在这个阶段来说，做好自己目前的本职工作，那就是好好读书才是最重要的。

在读书的同时，沈芃芃渐渐地开始接触自己梦想的行业，看一些记者的文稿和一些简单入门的专业知识。此外，她明白记者需要有很强的文字编辑能力和信息整合能力，所以她也开

第3章
女孩更要学会自我管理，提高情商和增强思维能力

始努力培养自己的文学素养，广泛涉猎各种类型的书籍，以增加自己的见识、拓宽自己的眼界。

高考结束之后，沈芃芃想报考自己梦寐以求的新闻学，但是父母不同意，他们觉得一个女孩子做个稳定的工作就可以了，当记者每天四处奔波特别辛苦。沈芃芃不想放弃，跟父母解释了自己这么多年的努力和坚持，她不想放弃自己的这个梦想。最终父母被她的决心说服了。

在大学这个全新的阶段，沈芃芃遇到了更大的考验。但是，对于沈芃芃来说，既然选择了这条路，便要一直坚定地走下去。每次的课堂作业都需要付出极大的精力，熬夜是常有的事情。实习的时候，舟车劳顿就更不用说了，为了保证新闻的时效性，沈芃芃必须当晚把稿子给赶出来，有时候崩溃到大哭，但依旧擦擦眼泪继续写稿，因为她不想放弃这个来之不易的学习的机会，她想让自己更加强大，而她已经离自己的梦想越来越近。

最终当沈芃芃毕业的时候，她拿到了自己实习的体育电视台的入场券。沈芃芃的努力是很多人都看得到的，不管面对什么样的困难，她都能坚强地去面对。未来沈芃芃肯定会更加努力地生活，努力地工作，让自己在记者的道路上走得更远。

亲爱的女孩，成功并不在于你每天完成了多少事情，而在于你每天为了自己的目标努力了多少，做了多少有效的事情来靠近自己的目标。当然，总会有一些生活琐事牵绊着自己奔向

成功的节奏，然而，那些避免不了的人情世故并不能成为你拖沓节奏的理由。

在人生的每个阶段，你都需要给自己制订一个周密的计划，只要确定好每日的进度，并且每天把这个进度当作自己最重要的事情来对待，那就能够轻松地掌握自己的节奏，从而靠着自己坚定的毅力慢慢地走下去。

管理好自己才能管理好人生

帕金森定律告诉我们："工作会自动膨胀到填满所有的时间。"一个人对于自己将要完成的任务或者是给别人安排的任务必须要有一个最后期限来加强自己或者他人的时间观念。不然，你总是会任意地拖沓时间，总觉得还是有很多的时间来处理这个问题，如此一来，你的惰性便会让你毫无顾忌地消磨时光、无限浪费你的工作时间，所以，做事的效率便大大降低。

一个健身APP的欢迎界面有一句话："自律才能自由。"不管是工作还是生活，都需要做好一定的时间管理和自我管理，只有严格控制自己的时间，用坚定的毅力把所有的事情都一丝不苟地完成，才能让自己的内心更加充实。如果一天到晚守着电视机刷着泡沫剧，或打开网页打着让你激情澎湃的游戏，你

第3章
女孩更要学会自我管理，提高情商和增强思维能力

在晚上回顾一天的时候会觉得安心吗？

孙俪是一位特别优秀的女演员，每次出演的电视剧都能够在国内掀起巨大的浪潮，她娴熟又有感染力的演技不管驾驭什么样的角色都如鱼得水，因此被称为实力派的女演员。

演员这个行业对人的要求特别严格，尤其是女演员，大众的眼光总是挑剔的，总是对女演员有过多的要求，如样貌和演技。但是这些对于孙俪来说都已经不是什么问题，因为她已经把自我管理做到了生活的各个方面。

虽然演员特有的工作性质，决定了孙俪时间上的规划一定会更加有难度，但是她依旧把自己的生活安排得充实且有趣。她坚持练瑜伽，因为练瑜伽不只可以强健身体，还可以塑形，让自己的身形在摄像机里看起来更有美感。她坚持在拍戏的间隙读书，多读书总会有收获，还能对生命有更多的思考和感悟。除此之外，孙俪还在工作之余练习书法，学着画画，开拓自己的眼界丰富兴趣爱好，这些事情都在成功地管理着她生活的每一部分。

亲爱的姑娘，你是否发现自己每天的生活都很杂乱，学习状态一直都调整不好，觉得有做不完的作业？你是否觉得自己其实已经很努力，但是在学业上始终没有很大的成果？这个时候，你应该反省自己的自我管理是否做得不好。

很多人每天花在思考自己要做什么上的时间都有很多，其实你首先应该做的就是合理地安排自己在每一个时间段里要做

些什么事情,作出明确的规定,这样自己才能在生活和工作中有依据。也许你会说:"我也尝试过作出计划,但是我每次做完详细的计划之后总是不能够很好地完成,总觉得作出这样详细的计划对我来说并不是一种引导,反而是一种束缚。"其实并不是计划不合理,而是你做计划的方法有问题。

你不能把自己生活中的每一分钟都安排在学习上,你需要给自己安排一些休闲娱乐的时间来缓解自己一直紧绷着的学习神经。如果你喜欢追剧,可以腾出一点时间来看一集或者两集的电视剧;如果你喜欢听音乐,那可以选出最适合自己的时间来听听自己喜欢的歌手的作品或者其他类型的音乐。这并不是在浪费学习的时间,相反这是在节约学习的时间,只有休息好了,你才能够精神饱满地去学习,才能提高学习效率。

亲爱的女孩,每个人都是世界上最优秀的自己,当你对自己的生活不是很满意时,你就需要调整自己生活的节奏,严格管理好自己生活的每时每刻,这么优秀的你一定会让世界惊喜。

第4章
做事有计划有条理，让行为永远跟得上大脑的步伐

做任何事情都要有章法有规则，面对任何突如其来的变故都要有备选方案来沉着地应对，因此，提前做好计划便是极其必要的。只有提前考量整件事情的每一个步骤，想好每一个环节最容易出错的地方，才能做好万全的准备，应对诸多的变动因素。

永远不要让事情发展到你无法控制的地步，这样才能够让自己不至于失败到无法收场；与此同时，你需要有强大的全局意识和足够的阅历来安排好一切，让你的行为始终和你提前订好的路线保持一致，不失控才能更好地操控一切。

做事有条理才能保持清醒的头脑

对于很多女生来说，总会有那么一段懵懂的青春时光，想要做好一件完美的手工作品，不停地去超市买各种各样颜色的毛线，为自己喜欢的人织出一条饱含爱意的围巾。那么如何才能织出一条完美的围巾呢？首先你得选择一种最合适的颜色和毛线的材质。其次你得选择你最想要的针织花型，最后着手去做，坚持下去，最终织出一件完美的围巾。

小学写作文的时候，老师总会强调一篇文章的条理性，注意整个的文章的结构和主线，适当地运用能够表示出逻辑的词汇，这样能够让你的文章更加有层次感。等到初中开始写英语作文的时候，老师强调的依旧是那些结构词。所以，不管做什么事情都要重视完成它的每一个步骤，找到整件事情的逻辑结构，能够帮助你更加有条理有方法地完成。

日常生活中，当我们拿到一件产品的时候，包装盒上都会附带详细的产品说明书和此件产品的使用方法。当然很多人都对自己的动手能力很自信，完全不看说明书便开始使用；不过如果你是第一次使用这件商品，那么你可能会感觉很吃力。此时，说明书就起到了很大的作用，如果你按照说明书上的步骤，有条理地使用，那么你将会节省很多的力气和时间。

第4章
做事有计划有条理，让行为永远跟得上大脑的步伐

王明明是一位优秀的厨师，目前就职于一家五星级酒店，经验丰富的他能够从颜色、味道、造型上全面把握菜品，做出的每一道菜都能像一件艺术品一样让人赏心悦目，并且对于他会做的所有菜品的具体流程，他都能牢记于心，面对复杂的厨房战场，他也能够有条理地处理好所有发生的意外事件。

但是刚开始接触厨房的时候，王明明完全达不到现在这种自如娴熟的程度，手忙脚乱是一位优秀的厨师必须经历的开端。第一次做菜是让王明明印象极其深刻的一件事情，虽然老师已经提前交代了所有的步骤，并叮嘱他，做菜的前期准备做不好的话，会影响整个菜品的口感，但是他还是手忙脚乱，一会儿不知道盐放了多少，一会儿又找不到酱油放在了哪里。除此之外，整个烹饪过程的火候都没有掌握好，所以，他的第一次做菜是失败的。

随着时间的推移，王明明越来越深刻地了解到做菜的前期准备和整个过程的顺序有多么重要。先把所有的食材和配料都准备好，放在自己随手可得的地方，再掌控好做菜的每一个步骤和每一个步骤的火候，这样便能够做出一盘可口诱人的好菜。当然，王明明也付出了极大的努力才拿到今天的成就。

亲爱的女孩，你能掌握自己每天学习和生活的节奏吗？你能够把自己每天的生活都安排得充实且有意义吗？在任何事情上都要做好一定的规划，在此基础上，每个计划都要有效率地完成，不能用虚假的努力来蒙蔽自己的心灵，明明没有高效率

地完成，还带着满足感来给自己总结。否则，你将永远不能够有更大的进步和发展。

好的计划能提高成功的概率

成功学的一个调查结果显示，制订合理的计划能够有效地提高目标实现的概率：制订计划的人的成功率比不制订计划的人的成功概率高3.5倍；在能够成功实现目标的那一批人当中，事先做好充足的计划的人占总人数的78%，而没有制订周密计划也能够成功的人只占总人数的22%。

人的韧性都是有限的，即使坚韧度极强的人，在一些极其残酷的打击之中也有可能被击破内心的最后一道防线，更何况是那些没有很强的意志力的人呢？在面对一个非常棘手的任务的时候，他们也许连开始的勇气都没有。但是对于善于做好计划的人便不一样了，即使再难达成的目标也可以拆分成一个一个小的目标。梳理好每天应该做的任务有哪些，你就不会有这么强的恐惧感，实施起来也就没有那么大的难度了。

张建在刚进入大学的时候就立志要考上一所比自己的本科院校更好的高校去进修，因此，他从刚开始就明确了自己的目标，并提前进行规划。从大一的时候，张建便认真对待英语和高数的课程，除了本科阶段需要做的学习和作业之外，他开始

第4章
做事有计划有条理，让行为永远跟得上大脑的步伐

慢慢接触考研的习题和资料。他对专业课也认真对待，因为这都是考研的重点内容。

到了大三下学期的时候，他对于考研的进度有了更加明确的日程规划，从每一个科目的各个阶段的复习进度，到每天的每个时间段的学习，他都做了详细的安排，甚至对吃饭的时间和早晨洗漱的时间都做了很是详尽的安排。吃饭的时间是15分钟，午休的时间是半个小时，早晨和晚上洗漱调整的时间也是半个小时，其余大段的时间都安排在学习上。每周的周末给自己留下了2个小时的运动时间。这样的日子他从大三第二学期的第一天一直坚持到了考研的前一天。

对于自己做好的计划，还要保证在每个时间段都能好好地执行，没有效率地学习相当于是在浪费生命。所以，能学习的时候，张建始终在全身心地投入，在学到自己觉得疲惫的时候，他就会选择需要背诵的内容，去教室的外面背诵。做试卷的时候，如果困了，他会在自己的座位上定下10分钟的小闹钟，进行一个小小的休憩调整，然后去外面眺望远方一会儿，再重新投入到新的学习状态中。

最终，张建考上了自己梦寐以求的学校，实现了人生中最重要的阶段的一个很重要的目标，来到了新的校园。面对更加繁重的学习任务，张建又订好了自己全新的人生目标，确定好自己每天的学习计划，相信在未来的日子里，张建能够更好地掌控自己的人生。

做最棒的女孩

亲爱的女孩，你有没有发现自己的时间在一分一秒地流逝，但是一天下来，却明显感觉到自己什么都没有做？正常上课的时间，你可能在看手机，到了自习的时间，你可能在跟同学聊天，然后放学之后跟同学去吃点东西，一天的时间就过去了。周末的时候，本来准备去图书馆学习，但是上午睡到11点，在床上看看剧、看看手机，一转眼便傍晚了，跟同学约好晚上聚个餐，一天的时间又过去了。

现在这个时代的学生都是父母宠过来的，并不是每个人都有自律的品格。所以你应该学会给自己的生活和目标做计划，根据自己的计划一步一步地实施，做自己人生的掌控者。

能够随手整理才能更加自律

你相信吗？整洁的桌面会让你的工作效率提高很多，相比之下，一个乱糟糟的桌面则会让你的心情变得更加糟乱。尤其是当你遇到特别难解决的问题的时候，看到乱七八糟的桌子，会让你的心情更加不满，甚至可能令你陷入某种误区，好像怎么走都是在原地打转。

王蔷从小就丢三落四。小时候，她把家里的钥匙弄丢了好几次，每次丢钥匙的时候，老妈都会把她骂一顿。虽然王蔷心里有印象，老妈也威逼利诱地让她把钥匙收好，甚至绑了个绳

第4章
做事有计划有条理，让行为永远跟得上大脑的步伐

子挂在她脖子上，但仍不能避免王蔷丢钥匙的这个坏习惯。再观察王蔷的房间，每天都乱糟糟的，衣服脱了之后随处一扔，每天随手拿的东西都在桌子上四处摆放。也难怪她经常不是找不到袜子，就是找不到眼镜。

高考在每个人心中都是极其重要的一件事情，而正是在高考这件事情上，王蔷得到了一个很大的教训。王蔷并没有提前整理书包，也没有随手整理的好习惯，考试当天，她早上起得有点晚了，因此慌慌张张拿起书包就冲出去，走到考点的时候才发现忘记带准考证了。这个时候王蔷吓坏了，也急坏了前来陪同的妈妈。她们赶紧给家里的爷爷打电话，让他送过来。爷爷送过来的时候，考试已经开始了，就这样一折腾，王蔷平白少了半个小时的时间。

从那个时候开始，王蔷就告诉自己一定要养成随手整理的习惯，再也不能让自己的生活这么混乱。生活中，她开始整理自己的书桌，整理自己的衣柜，拿出的东西一定及时放回原位。学习方面，她也认识到需要好好整理，找准自己学习效率最高的时间段学习一些自己不拿手的科目，而在学习效率比较低的时候学习那些自己擅长的东西。这样不仅可以节省学习时间，还能提高自己的学习效率。

从此，王蔷在生活中找到了掌控自己的感觉，再也不像之前那样被生活牵着走。在学习上，她也更上一层楼。走上工作岗位的王蔷用自己强大的自律和随处整理的好习惯更加轻松地

掌握了工作的节奏，所有的文件都能够分类摆放，领导需要哪个文件都能够一下子就找到，这样的王蕾也赢得了领导的赏识。

有调查表明：大多数的成功人士都能够将自己的生活打理得井井有条，不管是学习上还是生活上，都能够妥善地处理所有的事情。他们的书本永远都是整整齐齐的，用完了便会归回原位，他们的衣柜也是一丝不紊，每件衣物有它自己的位置。很多人都说整理这些东西太浪费时间了，但是换个角度想想，难道你在需要某件东西、翻箱倒柜地寻找它时花费的时间会比整理它们要少吗！况且，你有很大的概率是找不到你要找的东西的。在学习的过程也是这样，你需要把学习到的知识随时整合并且重复地去练习它，这样等你想用的时候才能够更加自如地去运用。

亲爱的女孩，这个世界对女孩的要求很高，当你能够轻松掌握自己的时间和生活中的一切的时候，你就可以比旁人更加轻松地得到自己想要的东西。能够做到随手整理一切的人一定是自律的人，这样自我要求严格的人一定可以到达自己想去的远方。

拖延症会拖垮你的人生

在读书的时候，你是不是有过这样的经历：每次的寒暑假

第4章
做事有计划有条理，让行为永远跟得上大脑的步伐

作业总是在假期的最后几天里匆匆忙忙地赶，即使做到半夜，也还是得哭哭啼啼地揉着眼睛坚持；每次要交的实验报告总是堆积到最后一天做到凌晨，第二天肿着眼睛去上课。你总会找到很多的借口来逃避你要完成的最重要的事情：看完这集电视剧就去做，打完这一局游戏就去做。可是电视剧看完了一集还有下一集，游戏打完了这一局还有下面的无数局。时间就这样不知不觉地溜走了。

你在赶作业的时候也会痛恨自己为什么没有早一点把它完成，那样就可以放心大胆地打游戏、心无旁骛地看剧；你也会埋怨自己为什么总是不能把最应该先解决的事情解决掉，再去进行那些无关痛痒的消遣。其实你已经在摆脱拖延症的道路上迈出了很大的一步，接下来的路，只要摆正态度，你就一定会让自己更加成功。

你之所以迟迟不能开始你要交的作业，就是因为你在心里排斥它。面对它会让你觉得自己很困扰，总有那么多不会做的题目，总有那么多没有思路的作文要去写，这些有难度的事情把你挡在了开始动笔的那一步，迟迟进行不下去。看剧和玩游戏会让你开心多了，这种能够带给你短暂愉悦感的东西会让你一遍一遍地沉浸其中，走进自己的舒适区，迟迟无法走出。

孙青总是最后一个交作业的人，这是在一场阔别已久的班级聚会上孙青的班主任对现在的孙青说的一句话。这个时候的孙青想想那个时候的自己，惭愧地笑了，她真诚地对班主任说:"是啊,张老师,小时候自己真的是一个拖延症极其严重的人,也感谢能够作出改变的自己,要不然真的不知道自己会变成什么样子。"

孙青从小就是一个做什么事情都慢慢悠悠的人,不管做什么都喜欢拖到最后一刻才开始行动,当然很多时候都完不成自己的作业,也经常被自己的老师责骂。张老师是孙青高中时候的班主任。他认为孙青是一个聪明的人,但就是做事情太容易拖沓了,不管什么任务都拖到最后一刻。于是张老师便在孙青一次模考失败的时候对她说:"拖延表示一个人的意志力不够坚强,你早晚会被自己的拖延症拖垮。"

毕业之后的孙青在一次独立工作任务中一直拖着自己的工作内容,主管提前三天找她要工作成果,此时的她刚开始动笔。倒数第二天,孙青才完成了一点,最后一天,孙青还是没能完成。当天晚上,她熬了一夜才草草完成任务,却错误百出。因此,她被公司开掉了。

这一次她终于清醒了,再这么下去,她都要养不活自己了,她开始逼迫自己做好每天的工作,每一项工作内容都做详细的划分,并坚决逼自己完成。渐渐地,她的生活开始走上正轨,工作也进入佳境。

亲爱的姑娘,这个世界上有数以万计的拖延症患者,希望你不是其中之一,如果你恰巧是其中之一,也请你及时调整自己的状态,调整自己的生活。未来的你会感谢现在如此拼命的你!

第4章
做事有计划有条理，让行为永远跟得上大脑的步伐

制订目标要有方法有技巧

一个人的见识决定他的成就，而一个人只有有了足够的阅历，才能撑起他的见识。没有人可以随随便便就取得成功。如果你想要成为一名作家，你就需要有足够的阅览量和优秀的文字编辑能力；如果你想要成为一名画家，就必须有一个想象力丰富的大脑和熟练的绘画技巧；如果你想要成为一名演员，就必须有足够的舞台经验和良好的情绪控制能力。所有的这一切都需要你去细细地磨炼，才能有破茧成蝶的那一刻。

很多人在新的一年的年初都喜欢给自己的一年订上一个目标，有的人想要减肥成功，有的人想要掌握一项技能，有的人想要攒到多少的存款，而有的人想在自己的公司做到某一个职位。但是有多少人在年底的时候能完成自己的这些目标呢？你又为自己的目标做过多少努力呢？

就拿减肥这件事来说吧，每一位女孩，无论她是胖是瘦，总是对自己的身材不满意，所以减肥对每一个女孩来说都是一生的事业。那么，想要减肥的你，想要减重多少呢？你希望在多长的时间里达到你的目标呢？你有了解过自己平时的饮食习惯吗？你有深入地学习营养学，算过食物的热量吗？你有放下手中的手机，穿上跑鞋开始你的第一次运动吗？如果你连具体的目标都没有确定下来，那又算制订了什么目标呢！所以，亲爱的女孩，掌握制订目标的技巧和方法对于你实现这一目标也

是至关重要的一步。

  首先，你需要思考你制订的目标是不是你迫切需要做到的一件事。例如你是真的想要减肥吗？还是你只是有时候会觉得自己哪里有一点不满意，但是总体来说你并没有特别强烈的欲望来达成这个目标？欲望是人类想要达成某一个目标最为有效的动力，你对于某件事的欲望越强烈，你就会下越大的决心在上面，花费越多的时间和精力来完成这件事！所以，你制订的每一个目标都必须是你极其想完成的事情。

  其次，你制订的目标必须是一个很明确的目标，它必须有具体可衡量的数字，而且这个目标必须是你能够实现的。有具体的目标才有持续做下去的动力，面对一片看不见陆地的海洋，相信每个人的内心都是绝望的，所以在制订目标时绝对不可以让自己陷入绝望的状态，一旦走进这样一个死胡同，就会消耗掉你大半的决心和意志力。另外，制订目标时一定要考虑到自己的实际情况，不要急于求成，胖子也是一口一口吃出来的，所以你也得一点一点才能成功。

  最后，当明确了自己的目标之后，就要给自己的目标做一个合理的分解了，并且要知道每一个步骤需要做什么，不论是哪一方面的步骤都需要你保质保量认真去做。在你完成每一个阶段的小目标之后，你可以给自己一个奖励，如买一件自己一直想买却没舍得买的东西，或者去一个自己一直想去的地方。当然，如果目标没有完成，你也可以适当地给自己一些小惩

第4章
做事有计划有条理，让行为永远跟得上大脑的步伐

罚，只要是能督促自己完成目标的小方法，都可以成为自己成长道路上的助力。

亲爱的女孩，人生需要每个人实实在在地去努力，马鹤凌先生有句名言："有原则不乱，有计划不忙，有预算不穷。"希望你能够掌握自己的人生步骤，在每一个阶段都能稳扎稳打，早日实现自己的梦想。

越早做人生规划对你越有利

人生是一段漫长的旅行，在这段旅行中我们会面临很多的分岔路口，做好每一次的人生选择都是对自己最大的负责，只要稍有不慎，自己的人生道路就会截然不同。所以，我们从一开始就要做好自己的人生规划，这样才能在每一个选择面前走上最符合自己人生规划的那一条路，让自己的人生少走弯路。

带着目标感做事情不仅会提高自己的做事效率，而且会增强自己目标完成时的满足感。所以我们不仅是做每一件事情之前要有自己的目标，还要为尽早为自己的人生做好合理的人生规划。梦想是值得一辈子去坚持的事情，拥有梦想后，一步一步地做好每一个阶段的人生规划，把每一个阶段的计划全部合理地安排好，接着按照计划的节奏做好每一步，便能够达成自己的目标。

有了目标，接下来最重要的事情便是坚持，对于每一步的计划都要一丝不苟地完成，不管遇到了多大的困难，都要勇敢地面对。风浪面前的勇气才更加值得称颂，坚定地走下去，才是人生最重要的事。

张茜是一个目标感很强大的人，从小就立志要做一位舞蹈家，她不像其他的小朋友是由父母逼迫着去参加兴趣爱好班，她天生听见音乐就会跟着节奏跳动起来，父母见她如此有节奏感，便把她送到了舞蹈培训学校去进行系统的学习。从此张茜的生命便跟舞蹈再也脱不开联系。

光是作出自己的人生规划还不够，要想实现自己的梦想，就必须让自己不断地去进步去努力，因此张茜的舞蹈之路可谓一路欢笑也一路挥洒着泪水，即使累到情不自禁地掉下眼泪，张茜也没有任何一刻想要放弃，这就是她这一生最爱的事业。而相比于那些很晚才找到自己人生目标的人来说，她已经是人生的领跑者。

最终，张茜凭借自己的努力成为了一名专业的舞蹈演员，不断参加比赛的她在不断地磨炼自己的舞技，不断地拿奖也让张茜成了一名有名气的舞者。后来，张茜在自己的家乡开了一家舞蹈培训室，帮助更多有梦想的人完成自己的人生目标，因为张茜的名气，有很多人十分信任她，愿意成为她的学员。

亲爱的女孩，好的人生规划可以助力你在自己的人生道路上用最少的精力来完成自己所有要做的事情。试想，当你处在

第 4 章
做事有计划有条理，让行为永远跟得上大脑的步伐

一个迷雾重重的森林之中时，你是不是会觉得很迷茫，不管往哪边走都不能明确是不是自己的方向？这个时候，人一着急，就容易因为自己一时的冲动而作出错误的选择，以致浪费很多的时间成本。假如你一开始就明白自己的方向，即使在看不清方向的森林中，只要坚定自己的信念，沿着自己一开始的方向一直往前走，就一定能够走出迷雾，走向属于自己的远方。

人生就是一盘棋局，只要你尽早地摆好目标，就能够用自己全身心的精力来经营这个棋局，用尽全力不让自己输，这是我们一生都需要努力的事情。

按时完成计划的习惯对达成目标更有利

我身边的很多人都是热血青年，刚接触到一件新事物时，总是迫不及待地想要体验一下，总是会被这件事情的好处所吸引，因此很多人在刚开始做计划的时候总是会热血沸腾，心潮澎湃地给自己张罗起来，然而坚持不了多久，便没有了一开始的新鲜劲，因为接下来的坚持完全是靠毅力，找不到方法享受其中的乐趣的人总是会被无趣击溃。

张玉是个特别自律的人，每天在6点钟准时起床去学校的小广场背单词，到7点半去吃早饭，8点到教室上课。即使是周末，她也会在8点钟准时到达图书馆，开始自己一天的学习。12

点，她准时去吃午饭，接着会在12点半给自己半个小时的自我整理的时间，下午1点钟准时午休半小时。除了时间上的准时执行，在学习内容的安排上，张玉也永远提前给自己定好目标，在头天晚上做好第二天详细而周密的计划，每天要背多少英语单词、做多少英语试卷，要做多少数学试题，要做的实验进行到哪个进度，只要做好了相应的计划，张玉就必须一丝不苟地完成。如果当天出现了特殊情况，张玉也会对自己的计划进行相应的调整。

要按时完成自己的目标，也需要有一定的技巧和方法：坚持，勇气。

在我们的印象中，那些光彩耀人的牛人总是一些喜欢"自虐"或者喜欢"虐待"下属的人，或者两者都有。NBA的球员纳什是一个出了名的自律的人，他总是能够完成自己订下来的艰难的计划。而他也是一个患有背部神经伤痛的"天赋最差的篮球巨星"。他在生活中特别自律，除去繁重的训练，纳什不沾糖、油炸和各种深加工的食品。为了完成这一令人难以坚持的事情，他跟他的队友互相勉励、互相监督，同时也给自己树立好的榜样，以激励自己不断地向榜样的成绩靠近。

当你在完成一项很艰难的目标的时候，请记得找一个志同道合的队友跟你一起努力，两个人相互鼓励、相互监督要比一个人单打独斗容易多了。同时你可以给自己找一个榜样，或者订下你这一个阶段要达成的目标，朝着目标和榜样前进的过程总是让人更加有动力。

　　亲爱的女孩,时间是这个时间上最宝贵的东西。你能令自己的时间利用率最大化,就相当于延长了自己的寿命。虽然这样的说法有点夸张,但是有意义的事情在做的过程中总是能够给你带来更多的成长。所以为自己做好计划,并按时完成计划,未来的你一定可以展翅高飞。

第5章

培养各种应对人生的能力，有能力的人永远有机会

　　人生是一段很苦的旅程，在这个漫长的路途中，你会遇到很多很多的事情和形形色色的路人，人生百味，酸甜苦辣咸，样样都会出场。所以，要想更好地体验这一世繁华，便需要掌握更多人生需要的技能。有的人说，即使你开心不起来，也要努力让自己不那么悲伤。是的，你需要学会以更加洒脱和坚强的态度面对一切苦难，你需要不断地给自己充电来适应瞬息万变的社会，你需要用更加饱满的精神状态来面对更多的困难和挑战。

　　生命的价值重在不断地学习和挑战，努力突破自己的局限，才能让自身的格局更加广阔，才能不辜负自己这一腔热情，才能更好地抓住迎面而来的所有机遇。

挫折只会让你变得更坚强

　　大人们经常会对那些受到挫折的孩子说："看吧，当初说了不让你这么做，你偏要这么做，现在栽跟头了吧，这就叫不听老人言，吃亏在眼前。"长辈们总是会给我们讲一些他们的人生经验，总是劝导我们什么可以做、什么不可以做。但是，人生是我们自己的，我们没有经历过某件事，就永远不知道这件事带给我们的打击会有多大。所以我们不能在别人的人生里找自己的影子，也不能用别人的建议和经验过完自己的一生，很多的磨炼还是需要我们自己去体会，只有尝试过了有多痛，才会在下一个相同的起点明白如何去做才能避免让自己受伤。

　　飘飘从小到大就没有认输过，不管面对什么样的事情都能用尽自己的力气来解决。读书期间，她是同学眼中的学霸；工作期间，她又是同事心目中的能者。即便是遇到再大的困难，飘飘也能用沉着冷静的心态去面对。她仿佛永远是被人羡慕的成功者，其实是曾经的挫折让她变得更坚强。

　　小时候的飘飘也是父母的掌上明珠，从小就被宠爱着。在上高中的那一段时间，飘飘生病了。也许是因为刚升入高中，学习压力陡然增加，有一次在体育课上，飘飘觉得头昏眼花，然后就没有了知觉，再醒来的时候，她已经在医院里了。医生

第 5 章
培养各种应对人生的能力，有能力的人永远有机会

给出的诊断是：感冒引发的心肌炎，需要住院观察。出院之后飘飘的学习状态比起以前有了大幅的降低，成绩也一落千丈。整个高中，每一次的考试都像一场噩梦一样折磨着飘飘的自尊心。

高考时，飘飘依旧没有考出自己的理想成绩，那个夏天，她变得沉默了，对于父母让她复读的建议，她没有拒绝便接受了这个安排。有一天，飘飘在一个好朋友发来的视频上看到没有四肢的尼克·胡哲依然那么努力地生活，还活得那么精彩，她突然释然了。只要还能用心灵去感受世界，那么这个世界就是美好的。只要用双手去创造自己想要的生活，那一切就都是有意义的。

复读时的飘飘全身心地投入到了学习之中。虽然已经落下的课程太多，学起来很吃力，但是飘飘依旧会在每一次考试之后总结自己的不足之处，渐渐地，她的学习进度又赶了上来，最终也考上了自己心仪的学校。

未来的生活里，飘飘肯定还会遇到更多的艰辛和挫折，但是她会把每一场挫折当成自己人生的试炼，只要迈过去这道坎，便又是另一个崭新的人生境界。

这是一个美好的世界，有着美丽的自然风光和人文情怀，有着你凭借着自己的努力就能够得到的美好。但是，在这个世界的很多角落，依旧有很多人艰难又努力地活着，他们用自己最坚强的意志战胜最艰难的那段时光，将那段时光变成自己最美好又值得回味的记忆。

做自己时间的管理者

时间就像流过手中的细沙，慢慢地从你的手中划过，即便你用力去抓，它也不会在你的手中多停留一刻。有人说：时间是这个世界上最宝贵的东西。是的，世间的万事万物都可以用金钱进行等价交换，但是时间不可以，即便你花再多的钱，也不能为自己的生命多买一秒钟。所以，我们能够做到的就是：让自己活着的每一分钟都在做有意义的事情。既然我们不能延长生命的长度，那我们就要尽自己所能拓展自己生命的宽度。

珍惜时间是一个从小就要养成的重要习惯，成年之前是一个人性格养成的最佳时期，过了那个时期，想改变自己的性格便是一件特别困难的事情。学会珍惜时间才能有合理利用时间的意识，你只有深刻理解了时间的重要性，才会让自己在所有的时间里都尽自己的全力去做好一件事，才能在学习的时候更有效率地学习，玩的时候更有效地放松。

每个人都需要懂得重视自己的时间，重视时间就是重视生命。那每天应该怎么做才能提升自己的效率，让自己的时间能够被更加合理地利用呢？

首先，你必须对自己每天的计划都进行详细的安排，在规定的时间内高效率地完成需要做的事情。正常情况下，在早晨开始一天的工作之前，留出几分钟，根据自己的时间，把自己

第 5 章
培养各种应对人生的能力，有能力的人永远有机会

所有的事情都安排好，那样你在一天内都能有目标地好好利用所有的时间。

其次，你要利用好每天的每个时间段，让自己在每个时间段里都能够有所收获。每天躺在床上的时候回顾自己一整天的行程，感觉自己的时间都被有效地利用，自己在某些方面有所提高，将是一件让自己特别满足的事情。心态平静才能更好地利用自己每天的时间。在时间上面，要好好辨认自己的最佳效率时间，在黄金时间段里做更有难度的事情才能更有专注力。

最后，一定要善于利用自己零碎的时间。现在的年轻人总喜欢抱着自己的手机，从早到晚不停地看手机。其实，在一些零碎时间做一些重复性记忆能够延长自己的有效时间。例如，等公交车的时间、各种情况下的排队时间、等饭之前的那一段时间，你都可以拿来背单词，这样重复性的记忆会让单词更加牢固地存储在记忆中。

你一定听过富兰克林的一句名言："你热爱生命吗？那么，别浪费时间，因为时间是组成生命的材料。"过去的每一秒都是你消耗掉的生命，那是一段永远也回不来的时光。所以，充分把握生命的每分每秒，是对自己有限生命的延长。

亲爱的女孩，每个人都是时间的掌控者，当然每个人利用时间的方式也是不同的，都有自己独特的做事风格。有的人喜欢拿到所有的事情一件一件地做，有的人喜欢把所有事情都安排好了之后再从简单到复杂逐步来做。不管是什么样的方法，

只要适合你自己的节奏，那就是好方法。希望每一位女孩都是自己时间的主人，成为更加优秀的自己。

学会理财会给你带来更多的财富

古人云：钱财乃身外之物。但是现在毕竟是个金钱社会，每一件商品都需要以金钱做等价交换，即使你是一个注重精神世界的人，也总是要吃饭的，未来你将面对的是一个大家庭的生活开销，不管是子女还是父母，都是你在这个世界上的责任。所以拥有一定的经济基础对每个人来说都是极其重要的，不管是为了自己还是为了家人，都有必要努力挣钱，并且合理理财。

如果你不是月光族，那你也肯定见过月光族，不管是你身边的朋友，还是朋友的口中，总会有那么一些人。他们会在发工资的时候急吼吼地把自己想买的东西全部占为己有，以此来获得人生的满足感，或者他们还需要偿还上个月的账单，因此他们的钱永远不够用。

刘春是一个农村来的姑娘，刚进公司的时候她是一身学生妹的打扮，因为胆小怕事是她从小时候就养成的性格，加上她刚进入社会，所以不管面对什么都是怯生生的感觉。入职一年之后的刘春在同事们的眼中发生了翻天覆地的变化，不管是为

第5章
培养各种应对人生的能力，有能力的人永远有机会

人处世还是衣着谈吐，都有巨大的改变。

脱离了父母资助的刘春开始慢慢掌控自己的资金。除去每个月要给父母的钱，她开始在提升自己上面下功夫，开始尝试买一些简洁经典款的服装，开始在上班的时候给自己化一个礼貌的淡妆，并且开始系统地学习让自己所提升，发展自己从前没有精力涉猎的兴趣爱好。

在一次聚会上，一个同事对刘春说："刘春，现在的你比起一年前有了巨大的变化，你是怎么做到的？"刘春说："其实我并不是不会穿衣打扮，只是我知道人能够挣多少钱就吃多少饭，在我还是学生的时候，对于着装，我没有太多的要求，只要干净整洁就可以了。现在我可以自力更生了，那么我可以打造更好的自己，便会在着装上寻求最适合自己的。"

这样一段话给同事们留下了深刻的印象。他们都觉得这个小姑娘有着不同寻常的见解和魄力，她的未来肯定会有更大的发展。

除此之外，渐渐有了经济基础的刘春开始管理自己的钱财，为了让自己的工资能够被最大化地利用起来，刘春开始把它分成几个部分，一部分是固定留下来作为应急资金，一部分作为自己的日常开销，一部分作为自己的投资计划。在这样合理的安排之下，刘春过得十分充实，并且越来越精致。

金钱是这个世界上最诱人的物品之一，但是当我们拥有它的时候，也不能过度挥霍。对于各种金融产品，不要随便尝

试，每个人的经济水平及利用状况不同，对金钱的投资方式也大有不同。对于一个工资稳定、不能经受资金方面大起大落的人来说，基金就是一个特别好的选择，虽然收益低，但是收益稳定并且风险较低。对于生活上的资金运用，建议大家对自己生活花销进行记账。短期内看不到什么效果，但是时间长了你便能发现自己在哪方面的开销较大，这样更利于对自己的资金有较好的掌控。

在这个社会里，没有钱将寸步难行，正因如此，我们更应该合理规划自己辛辛苦苦挣来的工资，合理使用，不做冲动性消费。管好自己手中的钱，会让以后的生活更加轻松。

从容应变才能给自己扫清障碍

当一件重大的事情需要你去面对的时候，你必须沉着冷静地去应对，从容应变才能给自己扫清障碍。

中华人民共和国刚成立时，国际关系比较紧张，长期处于弱势的中国在不断的压迫中渐渐强大起来，但是仍旧有很多的外国媒体等着看中国的笑话。因此在很多的记者会上，周总理都会遇到外媒的刁难，而周总理总是能够以自己独特地幽默方式一次又一次地化险为夷，因此也受到了很多人的敬佩。

有一次，周总理接见一位美国的记者，对方却不怀好意，

第 5 章
培养各种应对人生的能力，有能力的人永远有机会

故意提出很多让人下不来台的问题。他说："总理阁下，你们中国人为什么把人走的路叫作马路呢？"周总理听到这个问题之后，并没有以其人之道还治其人之身，而是很幽默地说："因为我们中国走的是马克思主义道路。简称马路。"那位记者依旧不依不饶地问道："总理阁下，在美国，我们美国人都是抬着头走路，但是你们中国人为什么都是低着头走路呢？"周总理又微微一笑，很是淡然地说道："这个问题不是很简单嘛，你们美国人在走下坡路，当然要仰着头走路，而我们中国人一直在走上坡路，所以我们当然要低着头走路了。"简单的几句话，便让那位美国记者哑口无言。

周总理长期处于这种与人打交道的环境中，尤其又代表着国家的形象，遇到的刁难不少，而他一直都能够这样用简单而又幽默的方式让对方败下阵来。周总理还有很多这样的例子，足够让人敬佩。正是因为有周总理这样的人才，中国的大国形象才渐渐地在世界上树立了起来。

提高随机应变的能力，需要过人的情商，更需要平日里日复一日的努力、扎实的专业素养，如此才能够在所有的变化之中沉着冷静地选择最有效的方法来解决。我们的周恩来总理就是这样一位优秀的外交人才，在任何的场合都能够自如并且得体地应对来自别人的刁难，不仅回答了别人的问题，还能挽回当场的局面。

亲爱的女孩，这个世界上有很多的难关需要你独自闯荡。

你需要有过人的智慧和巨大的勇气才能在这个障碍重重的社会中生存下去，处理好个人事务和人际关系，才能在变故来临之际，机智巧妙地应对。未来的路，请坚定地走下去！

合作才能有更多火花的碰撞

在一场精彩绝伦的篮球比赛中，决定胜负的不是哪个球员个人单场数据亮眼，球队最终的胜利需要一个团队的通力合作，只有整个球队合作默契，才有很大的机会取得胜利。若有人只顾自己得分，不能发挥整个球队每位球员的自身优势，那么他们对抗外敌的时候肯定会把自己最大的缺点暴露出来，而这场比赛必定以失败告终。

"合作共赢"是21世纪最响亮的口号之一，任何一家企业都不会聘请一个喜欢独来独往、只顾单打独斗的人。俗话说："三个臭皮匠，赛过诸葛亮。"一个平庸的人也许没有多么强大的力量和能力，但是一群人的力量不可忽视。只要大家齐心协力，为了同一个目标共同创造，最终总能够达到想要的巅峰。

大学期间，有一次学校组织了一场寝室文化设计大赛。小美便和室友一起规划，想设计出一个独特的氛围。小美是一个超级漫画迷，特别喜欢看《名侦探柯南》，因此便提出创意，想把寝室设计成一个侦探社的模样。但是其他的小伙伴不是很

第 5 章
培养各种应对人生的能力，有能力的人永远有机会

喜欢动漫，也不喜欢侦探社的氛围，都觉得整天生活在一个侦探社里会特别诡异。

但是，小美偏偏想坚持自己的想法，从始至终都没有想过让步，在不断地沟通和争吵之下，室友们都有点不开心，于是她们三人便不想再管，改造整场寝室的任务便只好由小美一个人来执行。从买装饰物到最后的实施工作全部都得由她一步一步地完成。于是比赛的时间用尽之后，小美的计划仍没有完成，当然，此次比赛中，她的寝室也没有得到一个很好的名次。

小美的整个寝室在创意设计时没有达成一致，本身在这场比赛中就已经处于劣势，更不用说在实施的整个过程肯定会有很多的问题难以解决。相反，其余的参赛寝室，他们能够达成一致的目标，找到适合所有人的寝室风格，再给每一个人分配任务，那整个过程的实施效率便会大大提升，实施时间也会相应地压缩。最终才有可能取得最后的胜利。

《众人划桨开大船》这首歌我想大家都听过："一根筷子轻轻被折断，十双筷子牢牢抱成团；一个巴掌拍也拍不响，万人鼓掌声、呀声震天。"当众人紧紧地团结在一起进行一场气势磅礴的划龙舟比赛的时候，是最能让人感觉到团结的力量的，整齐的号子声，有节奏的鼓点声，众人整齐划一的方向和节奏，只要有人稍微打乱节奏，便会让整个团队处于劣势，也许就是那一秒钟便会导致比赛的失败。

一个孤独的人总是会被自己的思维框定在某一个空间里，

而当很多人的思想碰撞在一起时，就会有新的火花。所以说团队合作是这个社会的主流品质，一个人如果脱离团队而生存，每件事情都亲自去做，亲力亲为，那么他就会渐渐地被这个社会所淘汰。在团队中，每个人各司其职，把自己的岗位坚守好，那么这个团队就会所向无敌。

高执行力才能更快地解决问题

一个优秀的人永远能够掌握自己的行动力，控制自己的惰性和一切阻碍自己发展的不利因素。庸碌的人只能每天面对着很多超出能力范围的事情，用能够享受短暂愉悦感的事情来麻痹自己的心灵。不管面对什么事情，逃避都是解决不了问题的，勇敢地面对，立即行动才是唯一的途径。

大刘的工作要求他每天都对接好多个人的工作情况，但是每个人的工作能力良莠不齐，执行力千差万别，总有一些人的作业即使到了最后的时间期限也依旧没有完成。这导致大刘也变成了一个不想面对这些工作的人，成了一个没有执行力的人。

每次收到一项任务，他的内心都无比排斥，想起要去找那些自己都懒得沟通的人，便更加不情愿，总是要把事情往后拖。有一次，经理让大刘收集公司上一季度的获奖精英的销售业绩和他们的获奖心得，但是大刘依旧抱着排斥的心理，迟迟

第5章
培养各种应对人生的能力，有能力的人永远有机会

都没有动手，在最终交付作业的时候迟了很久，耽误了公司的颁奖典礼的进程，因此在这件事情上受到了严重的惩罚。

经过这件事情之后，大刘也觉得自己目前的工作状态过于消极，工作内容一片混乱，于是开始反思自己的工作态度。对于每项工作，虽然每次都抱着拖延的心理，但是拖延是没有用的，最后还是要心不甘情不愿地去做。在最后的期限做完，由于时间仓促，事情总是做得不完美，总有一些或大或小的瑕疵和差错；还不如坦然地面对问题，努力思考解决的办法。

大刘开始反思对接人的执行力永远不高的原因，他们都没有思考过每次要交的作业对他们有什么帮助，因此没有动力去做。于是，大刘每次发作业通知的时候，都会标注这项作业对他们的帮助，对于及时交作业的人给予一些小小的奖励，而没有及时交作业的人将受到相应的惩罚。

这样一来，大刘每次做事情的效率明显得到提高，他也有了更多的时间处理其他的更加复杂的工作，工作状态也越来越好，年底的时候还凭借自己的工作能力站到了公司的领奖台上。

实践是检验真理的唯一标准，当面对一个对你来说是未可知的事物的时候，你难免会产生畏难心理，但是前面又有什么可怕的呢？只要大胆地往前走，即使失败了又算什么！你只是又排除了一个不能成功的方法而已，所以，勇敢地动手去做，只有自己亲自着手去准备这件事情，从中去体会到失败的过程，才能更好地找准原因去解决。更何况，也许不一定会失败呢！

　　亲爱的女孩，当你处在困境，并对目前的困难犹豫不决的时候，千万让自己果敢起来，只要勇敢地踏出最初的一步，开始动手去解决，就一定能找到最终的解决办法。

梦想就要坚持到底

　　不经历风雨，怎么能看到彩虹的魅力；不经过漫长的黑夜，怎么会体会到黎明的第一道曙光洒进心间的欢愉；没有坚持过一段极其艰苦的时光，怎么能够看到自己的成功和成长带来的乐趣！不断地坚持才是人生最重要且正确的决定，也许在下一个不经意之间，你就会遇到自己最重要的机会，这将是你人生最大的转折点。

　　坚持一件有意义的并且适合自己的事情，远比追求一件能够看得见效果的轻易事要困难得多，但同时也有意义得多。很多人只看见眼前暂时的收益，而放弃了坚持自我的机会，其实他们放弃的有可能是自己的梦想，甚至是自己光明的未来。没有一个行业是能够轻易就做到最好的，不管是哪方面的学习都需要时间的沉淀和打磨，入门很容易，困难的就是后面的钻研和坚持。很多科学家都是在一个极其细小的方向做不断的努力

第5章
培养各种应对人生的能力，有能力的人永远有机会

和坚持，日复一日，年复一年，才取得别人达不到的成就。

一个可以为了自己的音乐梦想毫无怨言地坚持十年的人，是一个值得尊重的人。薛之谦就是这样一个让人敬佩的人。薛之谦出生于上海一个极其普通的家庭，在他很小的时候，母亲因为心脏病离开了人世，薛爸爸一个人身兼两职，含辛茹苦地把薛之谦培养成人。为了支持薛之谦出国留学，薛爸爸还卖掉了家里唯一的房产，于是薛之谦告别家乡，去瑞士攻读酒店管理学的学位。

一次偶然的机会，薛之谦遇到了一个星探，他向薛之谦保证帮助他出唱片，并帮他签了经纪公司。但是经纪公司临时改变了主意，制作唱片的钱只能由薛之谦自己来出。这件事情多少打击了薛之谦的信心，但是他没有放弃，并且从此之后一路坚持自己的音乐梦想。

他开始参加音乐类选秀节目，并在节目中取得了优异的成绩，从此开启了他的歌手生涯。经过一年的筹备制作，他的第一张专辑《薛之谦》发行了，其中的5首歌曲全部是由薛之谦自己独立制作，而那首《认真的雪》更是红遍了大江南北，薛之谦终于走进了大众的视野。

可是好景不长，红了没多久，薛之谦便"消失"了，除了一首《认真的雪》，音乐榜单上便再也找不到薛之谦的名字，虽然一直都有音乐作品，却一直不温不火。同时期的很多歌手都走上了更大的舞台，而薛之谦好像一直被圈在开始的地方。

但是薛之谦并没有放弃，他依旧坚持做自己的音乐，并且发展副业来支持自己的音乐道路。直到薛之谦以段子手的身份再一次出现在大众的视野，他的歌曲开始拥有了更多的听众，很多优秀的歌曲也被更多人传唱。

2017年是薛之谦收获的一年，拥有超高音乐实力的薛之谦也开始成为选秀节目的音乐导师，帮助更多有音乐梦想的年轻人完成自己梦想，同时也开启了自己的巡回演唱会。

亲爱的女孩，你必须在自己坚持的道路上不断地努力，那样当机会走近你的时候，你才能够有足够的实力去争取它。否则，当你面对机会的降临，并且是一个你梦寐以求的机会，却完全没有实力去跟其他人竞争，那该是多么令人失望的一件事。

不要被一时的艰难蒙蔽了自己的眼睛，为了自己的梦想坚持下去，总会有柳暗花明的那一天。等到那一天来临时，你可以很自信地告诉所有人，你有这个实力来完成你想做的一切。

有主见才有大未来

小时候最羡慕的就是那些能够独立自主的人，对于自己所有的事情都能够作出自己的决定，想吃什么好吃的就放心大胆地吃，想去什么地方就买一张车票走向远方，想读什么样的书

第 5 章
培养各种应对人生的能力，有能力的人永远有机会

就可以花费一天的时间静静地体会作者想表达的全部思想。但是有的人就是做不了自己的决定，每面临一个人生选择，都会思前想后地考虑很多因素，从很多的人那里征询他们的意见和建议，却还是不能给自己的人生做一个满意的选择。

独立自主是人这一生中最重要的品格之一，因为这个世上没有人能够陪你走得很远，需要自己一个人走的路太长太长，也没有人会无条件地满足和适应你的生活方式和生活节奏，所以你还是需要独自去做所有的决定。说实话，那些有选择恐惧症的人只是不愿意对自己的决定负责，如果他们的决定到最后被证明是错误的，那个时候他们就可以责怪当时那个给出意见的人。对于这种不负责任的行为，他们还美其名曰"选择恐惧症"，实则是给自己的懦弱找了一个自欺欺人的理由。

首先，你要有自立的意识，有一种自助精神。当你想要依靠别人的时候，在心里告诉自己，这是自己的决定，就算到最后没有一个很好的结果，也只是证明了这条路是不适合自己的，那么下一次再做选择的时候及时地避开就好了，所以就算失败了，也是人生的收获。自己选的路才是人生最好的选择。

其次，你做选择时一定要看清自己的实际情况，要依赖于自己的实力，才能更好地发挥自己的优势，达到自己理想的高度。例如，在文理分科的时候，你政治历史的成绩比物理化学要好，而且自己本身就很喜欢文科，尽管未来理科比文科更好就业，你依旧应该遵从自己的内心选择文科。因为若你对一个科目本身就没有兴趣，你又有什么信心能把它学得更好呢！

最后，不要惧怕每一次选择，人生大部分时间都在经历失败，只有在失败中总结经验，才能站在全新的起点出发。所以，不管自己的选择对不对，都要拼尽全力走好自己的每一步。

我们每天要做的选择大到决定人生方向的选择，小到淘宝上买一件衣服到底要选什么样的颜色。所以，总是在寻求别人的意见其实是一件很累的事情，不仅浪费自己的精力，还浪费自己的时间成本。例如，你买一件衣服，明明自己喜欢红色，却偏偏听从了别人的意见，跟随潮流选择了黄色，到最后穿在自己身上越看越不顺眼，最终还是自己心里难受。

亲爱的女孩，做一个有主见的人，不管做什么决定都听从自己内心的声音。人生路是自己的，不要让别人阻碍了你的人生方向。当然，合理地考虑过来人的意见和建议也是有意义的，但是路还是要靠自己走。

第6章

养成文雅可人的气质，举手投足间尽显涵养与魅力

自古以来，文人雅客总是能够得到更多人的垂青，他们的言谈举止往往能彰显出他们的内在品质，能够在跟人相处的过程中为他人营造一个更加轻松从容的氛围，因此总是讨人喜欢。举止优雅的人，不会为了一丝一毫的小利而与人喋喋不休，也不会让自己处于尴尬的境地无法收场。举手投足之间都充斥着理性和睿智的气息，这样的女性更让人觉得知性有魅力，更加吸引人的目光。

养成文雅的气质，需要从一点一滴做起。良好的气质，大度的品格，不俗的审美，每一样都缺一不可，而做到这些需要长时间的积累和沉淀。做个不俗的女子，花开花落，泰然自若！

外表不是最重要的，要树立正确的审美观

在这个流量明星盛行的年代，我们每天都能在微博的热搜里看到很多的关于他们的报道。虽然他们也有一定的实力，但是对于很多人来说，喜欢他们只是因为"颜控"。这些人喜欢自己偶像的颜值，就喜欢自家偶像的一切，即使偶像做出了一些不合适的事情，也总是不理智地在网络上进行错误的维护。

一个人的美，不在于他的外表，而在于他的心灵。三观正常的人在与人相处的时候，不会有让对方太大的压力，因为好的三观总是给人很舒服的感觉，让人感觉出你对他的尊重，这样的沟通才是有效的。如果有姣好的容颜做出令人发指的事情，只会让人觉得是金玉其外，败絮其中。

振华结婚以后，一直被外人所夸赞，因为他娶到了一个特别漂亮的女子，每次遇到村里的人，他们都会赞许地说："振华真有本事，能娶到这么漂亮的老婆，要好好过日子呀！"一开始振华也以为自己是这个世界上最幸福的人，但是情况在他老婆生完女儿之后就变了。因为振华发现，他的老婆变得越来越可怕！振华的爷爷在孩子出生之后特别开心，想给孙女起一个名字，但是振华的老婆却说："女儿是我自己辛辛苦苦十月怀胎生下来的，凭什么要让你给起名字！"振华的爷爷当场就

第 6 章
养成文雅可人的气质，举手投足间尽显涵养与魅力

被气得语无伦次！

后来过年的时候，振华带着老婆回家，老家的人都很朴实，把家里最好的野味都搬到餐桌上来，振华的妈妈前前后后忙了一天做了一桌子菜，但是振华的老婆上桌之后看了一眼，便悻悻地说："这东西是给人吃的吗？"老两口当时就被气得掉下了眼泪！但是他们又不能说些什么，如果闹得太僵，只会让自己的儿子夹在中间更加难受，所以老两口只能背着人偷偷抹眼泪。

在振华的面前，她更是放肆，只要振华做错了一点小事情，就会迎来她的破口大骂，与从前的她简直判若两人，这让振华的生活也变得苦不堪言。

后来，不管是振华的亲戚还是乡里的乡亲，只要看见振华，都会特别感叹：多么好的一个孩子，被一个不懂事的老婆给牵绊了双脚。大家总是会劝振华，人生还有这么长，还不如早点离婚。在中国这样一个传统的国家里，这些宁拆十座庙、不破一桩婚的朴实乡亲竟会想到让振华用离婚来脱离苦海，足以见得振华老婆的恶人形象有多么深入人心。

一个人不管有多么姣好的容颜，都要有一个好的修养，不管在什么情况下都要好好跟长辈讲话，不管在任何场合，都要注意自己行为的分寸！当你放下自己的修养，你同时也会丢失自己的体面，毕竟没有人会认同你可怕的观念。

一个人最出色的不是他的容貌有多美，而是他从内而外散

发出来的让人着迷的魅力！所以亲爱的女孩，你不应该过分执着于自己的长相和容颜，你应该做的是努力提升自己的实力和气质。书中自有黄金屋，书中自有颜如玉。遍览群书的女子总是在人群中清新脱俗！

亲爱的女孩，不必忧愁每天要穿什么，只要适合自己，穿着得体干净，你的修养就是你最好的外衣！

优雅的气质才能经得起岁月的沉淀

伏尔泰曾经说过这么一句话："美只愉悦眼睛，而气质的优雅使人心灵入迷。"一个人长得好看，只是在最初的时候给别人一个好点的印象，但是，彻底征服对方，则需要他有更加优雅的气质和更有底蕴的学识。成为一个优雅的人，举手投足之间都展现出自己与众不同的魅力，才能成为人群中最受人欢迎的那个。

有些女生，她们天生就有强大的气场，每次出场自带光芒，干练的着装、精致的妆容、得体又睿智的谈吐，总能让人感受到一股沉稳又老练的商业气息，而她们也往往都能在自己的领域取得不俗的成就。还有一些女孩，她们是天生的乐天派，与人相处时从没有距离感，但是豪放之余，总让人觉得缺了一些成熟的味道。所以，亲爱的女孩，在公共场所，一定要

第 6 章
养成文雅可人的气质，举手投足间尽显涵养与魅力

注意谈吐得当，举手投足之间都要有优雅的气质，适当的距离能够给人更有吸引力的神秘感，而你也会成为更多人赞赏的对象。

董卿就是现代优雅女性的典范，满腹诗书的她不论何时都能够说出得体的话语，而当她出口成章地说出那些古典诗词的时候，总能让人觉得她是一位优雅又有学识的人，她不只是一位主持人，在古诗词方面，她绝对比大多数人都有话语权。不仅如此，舞台上的董卿也总是保持着端庄高雅的仪态，脸上始终挂着微笑，跟别人对话的时候总会认真地望着别人的眼睛，说话时总是铿锵有力、激情饱满。当她走路的时候，每一步都娴雅、轻快，步伐很小，却又如行云流水，一举一动都让人感到非常舒适。这不仅是她的职业素养，同时也是她自己本身的气质，举手投足之间，透露的都是自己的魅力和对别人的尊重。

亲爱的女孩，走姿美是培养自己优雅气质成本最低的一项，它只需要你稍微注意一下自己的体态，即使是一个相貌平平的女子，如果能够一直保持良好的体态和优雅的言行举止，就能成为别人眼中最亮丽的焦点。

首先，女孩子在公共场所一定不能大声喧哗，公共场所不是你一个人的空间，你需要考虑别人的感受，扰乱秩序总会给别人心里带来不适。同时，一定不可以说脏话，这是拉低一个人品位最重要的一点，不管你别的方面做得有多好，动不动满

口污言秽语的人，是无法受到他人青睐的。

其次，走路的时候要慢又稳。古代女性都有"三寸金莲"，走起路来婀娜多姿，甚是优雅。但是裹小脚对于女性来说是一件特别辛苦的事情，所以现在女性通常用高跟鞋来提升自己的气场。走路的时候，要有意识地使用大腿的力量，脚跟先着地，慢慢地带动脚尖着地，一步一步，一字排开。走路的时候，手臂自然地前后摆动，幅度不能过大，要抬头挺胸，给人更加干练挺拔的感觉。

最后，与人相处一定要注意自己的小动作，说到动情之处也不要哈哈大笑，不能做拍人肩膀、小打小闹那种不雅的举动，要保持适当的交友空间。

林语堂曾说过一句话："优雅地老去，也不失为一种美感。"再娇艳的花朵也会有凋谢的那一天；青春不永驻，只有留在骨子里的气质才永远不会消失。

良好的谈吐能增加你的个人魅力

在大街上，你突然发现一个女孩突然狂笑起来；在一个比较正式的场合，一个女孩与人沟通的时候，操着一口方言，满嘴都是口头禅和脏话。这类女孩大抵不会给人留下什么好的印象，如果对方对她不是很了解，很有可能下一次说话的机会都

第6章
养成文雅可人的气质，举手投足间尽显涵养与魅力

没有了。

说话的魅力就在于，在各种场合说出适合的话，对不同的人用相对应的态度进行沟通。不论何时，女孩都应用谦逊的态度、温婉的语调去跟所有人沟通，才能始终在众人心目中留下优雅有气质的形象。

在与人交往的过程中，一个谈吐优雅的女孩能够给别人带来更加轻松的感觉，这种情况下，她会给人不同于其他人的好感，更有利于建立良好的人际关系。如果在交谈中善于展现自己的特点和优势，则能够让自己更加魅力四射。如果是处于商业场合，则可以增加谈判的筹码，使对方成为可信任的生意伙伴。

所谓优雅的谈吐，无非是用谦逊的态度把自己想要表达的内容表达出来，这考验一个人的情商和临场应变能力。那么，到底有什么办法可以提高个人的谈吐水平呢？其实优雅又合理的谈吐方式也是可以后天培养出来的，你需要注意的有以下几点。

首先，你说话的态度一定要谦逊又温和。试想，如果有一个人跟你讲话的时候总是居高临下，总是喜欢把自己的想法强加在你身上并希望你能全盘接受，你能够受得了吗？没有人喜欢跟咄咄逼人的人交谈，即使碍于情面跟他沟通，也只是浅浅而谈。要想跟别人进行畅快的有效沟通，就必须平等又随和，多运用礼貌用语。请求别人帮助的时候，把"请"字挂在嘴边，别人帮了你之后，一定要记得说"谢谢"。不管和多么熟的朋友相处，都要保持相应的礼貌，这样才能在所有人心中都留下谦虚的印象。

其次，在跟别人讲话的时候一定要三思而后言。很多人都有这种感觉，当自己情绪已经很激动的时候，就会脱口而出一些伤人的话，那个时候感觉自己的大脑不受控制，仿佛对说出的话不用负责任似的，但是冷静下来之后往往就会很后悔。所以任何时刻都应该保持清醒的头脑，保证自己说出的话、自己做出的事情都在自己的控制范围之内。否则，一旦说出伤人的话，即使最终能够恢复从前的感情，也仍旧会在彼此的心里留下一道不可抹掉的伤痕。所以亲爱的女孩，请在冲动之前冷静思考三秒钟，否则就要为自己的冲动买单。

最后，说话要看场合，在不同的场合要用不同的交谈方式。当你明显能够感觉到对方心情极其低落的时候，就需要用轻柔的语气，或者照顾他的情绪，让他一个人冷静一下。但是如果是在商务谈判的场合，轻柔的语气显然不太合适，这个时候，你必须拿出自己的自信，用坚定有力量的交谈方式让对方感受到你的专业和气场，这样才更加有说服力。

亲爱的女孩，只要你能够自如地控制自己的思绪、养成优雅的谈吐和气质，你就会发现自己的周围总是环绕着赞许的目光，不论做什么事情，都能有一个比以前更好的结果。但是这种能力难以在短暂的时间内得以增强，你需要在更多的实际情

第 6 章
养成文雅可人的气质，举手投足间尽显涵养与魅力

况中去磨炼去学习。希望你尊重别人也尊重自己，拥有更加光芒四射的魅力！

用艺术找到发现美的眼睛

自古以来，艺术始终是让每一个人都心驰神往的圣地。凡是从事艺术方面工作或者从小就被艺术的氛围熏陶的女孩，身上都自带着光环，有着让人可望而不可即的清冷气质，她们从小就能够习得不可替代的能力和特长，那是别人要花费很长的时间和很多精力才能掌握的技能。在舞台上，她们尽情地放声高歌、翩翩起舞；在大自然里，她们拿起画笔勾勒出那远方的美景，这些都让人心生羡慕。

俗话说："这个世界不缺乏美，只是你缺少一双发现美的眼睛。"每个人对美的感知能力不同，对美的追求方式也大相径庭。偌大的公园，无论你去过多少次，有些人总是能够发现美好的事物，而有些人会觉得千篇一律，并没有任何新奇。从事艺术工作的人总是更容易在日常的生活中体会到很大的幸福感，那是因为他们会把生活中的每件小事做得像拿出小提琴一样有虔诚而小心的仪式感；而更多的人则在日常辛劳又凌乱的生活中感到一团糟，渐渐地便失去了生活的激情，也很难再发现生活中那些小美好。

聪聪和小仙从大学开始便是室友，直到毕业以后在同一个城市打拼，依旧是住在一起的室友。聪聪从小就被父母送去学习小提琴，虽然个子小小的，但是站在人群中总是自带和别人不一样的光环和气场，拿起小提琴忘情演奏的时候便会更加让人挪不开目光。进入大学后，她便进入学校的艺术社团，慢慢地又开始接触吉他弹唱，拥有音律知识的她总是比其他的小伙伴学得更好更快。生活中，聪聪比其他人更会享受生活，桌面上总是整洁如新，每周都会更换一次新鲜的花朵，她说："鲜花是这个世界上最令人有幸福感的事物，看到它们娇艳地开放，随时可以闻到的芳香总是能够给人心底的安静。"工作之后，聪聪总是能够在繁忙的工作之余找到属于自己的宁静时光，下班之后什么都收拾好了还会拿出小提琴和吉他弹奏自己喜欢的曲子。

小仙的名字自带清新脱俗的气质，但是生活中的小仙是一个大大咧咧的女生，遇到所有事情都风风火火，这样的她从小便是一个急性子，但这种性格的好处是平易近人，能交到更多的朋友。上学的时候，她桌面上的物品总是随时都能堆成一堆，她总是自称凌乱美。工作之后，能够自己支配的时间便更少，小仙的日子也过得更加凌乱，经常性的加班让她更加没有条理，整天都在慌忙凌乱中仓促地奔忙着。好在聪聪开始教小仙学习找到生活中的美妙时光，每天早起一小会儿让自己不至于每天早上都匆匆忙忙往公司赶，路上可以听听自己喜欢的音

第 6 章
养成文雅可人的气质，举手投足间尽显涵养与魅力

乐。聪聪告诉小仙学会放慢自己的生活节奏，加紧上班时间的脚步，提高工作效率，会让自己更加轻松。渐渐地，小仙也开始能够掌控自己的生活了。

艺术对一个人的熏陶是潜移默化的，它总是能够默默地改变一个人对这个世界的看法。培养一个人发现美的过程也是一个美学观念的养成过程，这种观念会体现在他的生活之中，他在言谈举止衣着打扮方面都会有与众不同的心得，这就是他不同于其他人的气质。这种观念，也会让他更有能力去发现生活中四处可见的美。

亲爱的女孩，从现在开始，让自己渐渐地发现艺术的魅力，不管是音乐舞蹈还是美术都好，找到自己的兴趣点，培养自己发现美感受美的能力，从而发现生活的魅力。

广博的知识是你人生的筹码

花开花落，夕阳西下，这世界上有很多事物都特别容易消散，但是知识存于心中，永远都不会随着时间的消逝而消失。董卿曾经说过这么一句话："我始终相信我读过的所有书都不会白读，它总会在未来的日子的某一个场合帮助我表现得更出色，读书是可以给人力量的，它更能带给人快乐。"不要怀疑你现在所学习的任何知识的用处，也不要思考它对于现在的你

是否有价值，你无法预估你未来的道路到底会不会改变，你现在能做到的就是抓紧一切时间去学习，因为总有一刻，你拥有的知识会令你闪闪发光。

董卿是一位众所周知的主持人。她为人所称赞的不是她出色的容颜，也不是她过人的主持实力，而是她遍读诗书的文学功底！脱口而出的唐诗宋词让董卿在舞台上更加闪闪发光。

在上中学的时候，当别人家的小朋友都还在看电视剧、玩游戏、讨论哪个明星最当红的时候，董卿就开始每三五天就读完一本文学名著。等到寒暑假来临之际，董卿的母亲就会给她罗列好假期要读的经典书籍，其中包括《红楼梦》和《茶花女》等中外经典名著。

董卿的读书速度实在是太快了，有时候董卿妈妈也会怀疑女儿是不是草草了事，便会找出书中的一些问题让她回答，但是董卿总是能够很轻松地回答出来，并且，她对于书中的人物关系都很清楚。以强记著称的董卿对看过的书都会留下很深刻的印象，这也是董卿广博的知识的养成基础。

正是由于这样的读书方式，也是由于父母这样深刻的教育方式，董卿成为了一个有才情的女子，也养成了读书的好习惯。董卿说："假如我几天不读书，我会感觉像一个人几天不洗澡那样难受。"所以现在的董卿也有一个别人做不到的作息方式。正常情况下她结束工作回到家是晚上十一二点，接下来便是上网浏览大大小小的新闻和趣谈。到了凌晨一两点钟的时

第 6 章
养成文雅可人的气质，举手投足间尽显涵养与魅力

候，心里静下来了，便是她自己的阅读时间，这个阅读时间每天大概一两个小时，等到看完之后睡觉时已经都凌晨三四点钟了，而这也已经成为了她的生物钟，无法轻易改掉。

在董卿的主持事业蒸蒸日上的2014年，她却作出了一个让很多人都很吃惊的选择：出国深造。放弃国内的大好形势选择出国留学确实会让她丢失很多机会，但是董卿觉得自己目前的状态不是很好，自己的主持形式比较单一，找不到很大的突破点，她希望能够拓宽自己的视野，找到全新的主持形式。正是得益于这次深造，在后来的《朗读者》和《中国诗词大会》中，她用更好的成绩给观众交了一份完美的答卷。

也许你有过人的容颜和姣好的身材，但那都是青春的资本，也只是一件会随着时光渐渐变老的外衣，要想永远保持年轻的心态，必须要有智慧和内涵的装点。真正会读书的人才能够在漫长的时光中永远保持着优雅的气质和过人的才情，并且能够随着时光的流逝更加历久弥新。

亲爱的女孩，读书是一场长期的修行，短时间内看不出什么效果，只有长期坚持，才能突显出你独特的气质。读过书的灵魂总是能够带给人不一样的美丽感受，他们可能貌不惊人，但那优雅的谈吐、端庄的仪态总是藏不住的。跟他们沟通起来甚至会让人觉得是生命的洗礼，因为书带给他们的底气会让他们一直光芒万丈。

做最棒的女孩

不要做蛮不讲理的泼辣妹子

在生活中，你应该可以发现，周边有很多人总是娇滴滴地跟身边的人讲话，还有一部分人恰恰相反，说话的声音很大，更有甚者，说话时蛮不讲理，你跟他的沟通完全找不到重点，还总是会被他的歪理气得忘记了自己原本要表达的内容。

作为一个女孩，我们可以适当地跟身边的人撒娇，但是过度的撒娇会引起别人的不适感。还记得前几年有一部电影叫作《撒娇女人最好命》，影片中有一个女孩不管在什么场合之下都用嗲里嗲气的说话方式，完全不管自己的说话对象和身处的场合，让人感觉没有分寸。

你一定在商场见过跟父母撒娇要玩具的小孩子，当他们看见了某个心仪的玩具时，便会使用他们的绝技，可怜巴巴地跟父母撒娇，如果达不成目的，他们还有更大的绝技，那就是完全不考虑场合地大闹脾气，甚至会躺在地上撒泼打滚。当你见到这些情景的时候，是不是觉得很可笑？所以当你身处于各种处境之中时，千万控制自己的脾气，不要让自己成为一个心智不成熟的小孩子，也不要成为自己眼中可笑的人。

每个人说话都要讲求方式，不管你的交流对象是谁，你都要把每件事情说得有道理，说到别人的心坎里，这样才会让别人认同你。做一个成熟的成年人，说话便是你必修的第一堂课。在别人说话的时候，一定不能够在中途插话进去，如果你

第6章
养成文雅可人的气质，举手投足间尽显涵养与魅力

有意见想要表达，你可以等别人把想说的全部说完了，再表达自己的想法。中途打断别人的话是一种极其不礼貌的行为。

做一个讲道理的人更需要你在任何场合之下都能够有逻辑有重点地表达自己的观点。不管你看过多少书，接受过多么深奥的教育，碰到过多么厉害的人，你都需要把你的思想清楚地表达出来，你只有讲出了自己的思路，才能赢得别人的赞同。同时，你还需要锻炼自己的胆量，让自己能够在任何庞大的场合下都能理清自己的思绪，紧张会让一个人不知所措，从而忘记自己脑中所想，空有满腹诗书却无法自如表达，那该是多么令人遗憾的事。

亲爱的女孩，不管在什么场合，不管是跟谁讲话，都要做一个以理服人的女孩。人在这一生之中总是会扮演很多个不同的角色，小时候为人子女，长大之后开始为人伴侣、为人父母，还有在不同阶段为人朋友，都是需要自己用心去经营的关系。所以你更需要学会好好说话，学会用更好的态度和智慧去沟通，用更加有条理和说服力的说话方式去沟通，才能提高沟通效率，降低沟通成本。

亲爱的女孩，从现在就开始打磨自己，从不同方面增强自己的实力，让自己能够在所有的层面上都有所了解，又能在自己擅长的领域自由表达，更能够让自己在各种情况下都做一个理智的人，做一位以理服人的人。

好的厨艺给你的人生增添滋味

相信很多人都喜欢看美食类的节目,因为美食总是繁忙的人们心目中最好的慰藉,而吃也是可以让人最快速获得幸福感的重要方式之一。2012年,《舌尖上的中国》进入大众的视野之后,便开始在全国大范围流行,它展现了中华民族饮食文化的博大精深,网友纷纷予以好评。

亲爱的女孩,就算是为了自己,好的厨艺总是更能让你体会到生活中的种种美好。现在这个时代,食品不断地出现问题,外卖的丑闻也不断地刷新人们的底线,要想吃得健康又美味,实在是难上加难。地沟油、外卖料理包的卫生问题实在让人觉得恐怖。所以,对于独立女性来说,有能力为自己做上一餐营养的午餐简直是一件幸福感爆棚的事情。

从小学习厨艺,不仅是为了健康,更是因为自己在家吃会比在外面吃饭节省下很多的钱财。在外面两个人随随便便吃一顿饭就大几十块钱,还不能保证卫生问题,但是在家自己做就不一样了,菜市场里的瓜果蔬菜又新鲜又便宜,就算想吃肉,也能比在餐馆里节省下很多钱。同时,自己在做饭的过程中又能够体会到生活的乐趣,何乐而不为呢?都说对于朋友的来访最好的款待就是家宴,因为一起做饭更能够增加朋友之间的友情。

在平平小的时候,因为父母在外做了一点小生意,每天的

第6章
养成文雅可人的气质，举手投足间尽显涵养与魅力

工作都很忙，所以家里简单的家务事基本都是平平一个人来完成，其中就包括家里的饮食。每天父母工作结束之后都到了晚上七八点，那个时候再做饭肯定来不及。平平每天放学回家的路上会在家门口的小菜市场上买菜，回家之后把饭蒸在锅里，把要炒的菜全部都清洗干净，然后去写作业，写完作业开始做菜，等做好了所有的菜，爸爸妈妈也快回来了。

就这样日复一日，平平的厨艺也有了很大的提升，后来，她渐渐地爱上了烹饪，总是想着法儿地做出跟之前不一样的菜品给父母品尝。平平觉得在厨房里能够体会到一种难得的宁静，每次站在炉火旁边，闻着锅中的饭菜渐渐飘出的香味，总能获得心灵的慰藉。

大学的时候，平平选择了营养师专业，她希望能够从专业的角度做出更加健康并且适合人体的营养均衡的食物；也希望食物能够带给更多的人力量，就像爸爸妈妈吃了她做的美食能够消除一天的疲劳一样。

简简单单的一餐就能带给繁忙的人无限的慰藉，亲爱的女孩，世上最美味的一道菜就是妈妈做的菜，等到你远离家乡的时候，就会无比想念家中的那一桌子热腾腾的美食。自己做出的家乡味能在想家时替代心中那忘不掉的味道。

民以食为天，吃永远是这个世界上最重要的事情之一，亲爱的女孩，能够拥有一手好厨艺，将会给你带来不一样的人格魅力。俗语有称："女性要能够上得厅堂，下得厨房。"过去

的传统观念要求女性三从四德，而在21世纪的今天，女性虽然已经冲破传统的束缚，但还是应该成为在待人接物和处理内务方面都熟练自如的新女性。

合适的衣服才有你的灵魂

每个人，都应该充分了解自己的身材状况，因为只有了解自己，才能更加清晰地明白到底什么是适合自己的，什么是不适合自己的。董卿曾经说过一句话："太了解自己是一种幸运的清醒。"是的，当你足够了解自己，才能更好地用穿衣搭配的技巧把自己的优势展现出来，把自己的不足之处完美地隐藏起来。

都说女孩的每一件衣服都是有灵魂的，每一件衣服的选择都是独特的，有着自己与众不同的喜好，所以每个女孩的穿衣风格有着自身的特色。所以，亲爱的女孩，对于穿衣服这个方面，你不需要过分在乎别人的眼光和看法，每个人都有适合自己的风格，只需要挑选适合自己的就好了。但是最重要的一点就是，穿衣服是一件慎重的事情，在不同的场合一定要做好相应的选择和搭配。

合适的衣服代表着自己的品位和态度。作为一名职业白领，就应该在每天的上班期间身着商务正装，这不仅代表着你

第6章
养成文雅可人的气质，举手投足间尽显涵养与魅力

的工作态度，还能够把你的专业程度以客户着眼的第一点展示出去，更能够显示出你对客户的尊重。不同职业的人往往会根据行业的特点穿着不同的职业装，所以才有了医生的白大褂、银行职员的正装，更专业的职业装也能给他们带来更高的工作效率。你若是一名学生，在每天繁忙的学习任务之中，穿衣服最重要的一点就是舒适，适合你身材的休闲类服饰就是非常好的选择，这样你也可以把所有的精力都投入到消耗脑力的学习之中。在日常的生活中，你可以选择张扬自己个性的服装，以此来展现自己不一样的魅力。但是，还是不建议女生穿过于暴露的衣服，性感尤物确实有吸引力，但是稍有不慎就会给自己招来祸端。

女性本就是弱势群体，女性遭遇到伤害的新闻也层出不穷，性侵案件的受害者本是女性，但还是有不少人认为这是女性的过错，他们很有偏见地认为：如果不是女性的穿着过于暴露，也不会招此祸端。虽然这个观点很不公平，但是对于大部分犯罪者而言，这方面确实是他们犯下如此罪行的原因之一。所以作为一名女生，展现自己的魅力是一件很好的事情，但是为了自己的安全，你应该在公众场合注意自己的着装。女孩切记，永远对所有人保持警惕，知人知面不知心，做好自己的同时，也一定要注意避开另有企图的坏人。

亲爱的女孩，每一件衣服都是你风格和品位的体现，也是你生活态度的体现，你可以不必过于追求潮流，但是你一定要

注意衣服的质感和颜色，如果当季流行的颜色和款式很容易暴露你身材上的缺点，那么这样的潮流就是不可取的，合适的衣服才能为你的形象增添更多的魅力。所以，亲爱的女孩，为自己打造一个属于自己的衣柜，懂得取舍，懂得作出选择，才能给自己带来更大的自信。

第 7 章

生活健康规律，成功的人生永远离不开好习惯的加持

　　身体是革命的本钱，爱情很重要，名誉也很重要，但是这个世界上你最应该重视的就是你的身体。保持良好的体魄和强健的身体，才能拥有更加饱满的状态去面对工作中的种种繁杂之事，才能更加有效率地把自己的工作完成得更好。

　　生活健康规律的人，一般都拥有着良好的锻炼习惯，也只有拥有这种自律的好习惯，才能令自己事事都自律，才能更加合理地安排自己的每一段时间该做什么事情，自律带来自由，只有这样，才能更加自由和充实有效率地完成所有的一切。

早睡早起，做到有规律地作息

有调查显示：在所有影响人体健康的因素里，规律的作息占70%，心态、饮食以及各种不同的养护各占其中的10%。这就足以证明规律的作息对人体健康的重要性。就像这个世界要四季轮回，太阳每天东升西落，人体也要遵循这个世界的规律，如果长期打破这个规律，那么人的健康就会出现问题。所以，要想拥有一个强健的体魄，就必须重视自己每天的作息规律，做一个早睡早起的人。

规律的作息不仅能够带给人一个健康的体魄，更能提高人在一天的工作效率，好的睡眠将会让白天的你精力充沛、精神饱满。有很多人在上课的时候经常昏昏沉沉，也有很多人在上班的时候无精打采，更是在午休的时间睡到无法醒来，这都是因为他们的生活作息不够合理。正常且规律的作息将会带给你无限的精力，助你度过充实且忙碌的一天。

科学家们也给出了有利于人体生命健康的作息规律。例如，早上7点钟的时候要起床，因为这个时候是最佳的清理肠胃的时间，你应该喝下一杯温开水并且去上一趟厕所。再如，晚上11点就应该进入深度睡眠，因为11点的时候人的肝脏开始排毒，凌晨1点至3点人的胆在排毒，而3点至5点是人的肺在进行

第 7 章
生活健康规律，成功的人生永远离不开好习惯的加持

排毒，这些都需要在熟睡中完成。还有更重要的一点就是，人必须要有足够的运动量，只有有规律地锻炼身体，有效出汗，才能使身体机能维持在更加饱满的状态之下。

现在的年轻人都生活在一个科技的时代，在这个大时代之下，也出现了很多网瘾少年。他们成天成夜地待在网吧里，有的人甚至不吃不睡，一直沉迷在游戏的世界里，也有很多少年因此熬垮了身体，甚至失去了自己风华正茂的宝贵生命，伤透了父母那年迈又脆弱的心灵。除此之外，也有很大一部分人为了自己的梦想，为了完成自己手中的工作，不停地熬夜，不断地挑战自己生命的极限，因此，过劳猝死的新闻也层出不穷。

不管是因为什么，我们都不应该伤害自己的身体。这个世界什么都可以放弃，唯有健康的身体是最不应该放弃的。梦想只要坚持就一定会实现，只要白天的你提高工作效率，晚上就可以给自己的身体一丝喘息的机会。

但是在很多人眼中，健康这件人人都有的东西实在不值得珍惜，他们常常约上三五个好友去酒吧疯狂，一夜不归，他们会在深夜里一直玩着手机不肯睡去，他们更是一日三餐不按时去吃，更不可能每周进行体育锻炼。他们无非仰仗着自己年轻。没错，年轻是生命的本钱，但是，如果过度消费，便会在未来的日子里自食恶果。

亲爱的女孩，夜深了，就关掉你的手机；太阳升起了，睁

开惺忪的睡眼，起床振奋一下精神，这些都是保持精神饱满的最好的机会，再好的化妆品都不如饱满的精神！

良好的生活卫生习惯能够给你加分

小的时候，爸爸妈妈就教我们要保持良好的生活卫生习惯，因此不论衣服有多么旧，妈妈总会给你洗得干干净净，穿在身上，一股清香的洗衣粉的味道就会扑鼻而来。只要和小伙伴们玩疯了之后回到家，妈妈就会催促着去洗澡，然后又把衣服洗得干干净净，晾在庭院里随着微风轻轻摇曳。

好习惯能够使人拥有不一样的气质，会花时间把自己收拾得干净清爽的人会给人带来不一样的感受。如果一个人整天蓬头垢面并且身上的衣服很多天都没有洗过，身上随时随地散发着一股味道，那大概也不会有人想靠近他，更不用说跟他进行更有深度的交流了吧。也许你有满腹的才华，但如果就是这个原因让你错失了一次向伯乐展示自我的机会，那该有多令人失望啊！

初中的时候，班上有一个成绩很棒而且长得很秀气的男生，记忆中，每次他一出现就会引起女生们的注意，是很多女生集体讨论的对象。有一次，在一次月考之后，班主任集体调整座位，那个男生坐在了我的前面，不久之后，我便发现他有

第 7 章
生活健康规律，成功的人生永远离不开好习惯的加持

一个让人不能容忍的坏习惯：不讲卫生。

当时正是炎热的夏天，他可以把一件白衬衫连续穿一个星期，头发也不常洗，所以靠近时总会让人闻到一股难闻的气味。这一点，让他在很多女生心中的印象越来越差，渐渐淡出了女生的聊天话题。

好的生活习惯能够给形象增加很多分，更能给生活带来很多的舒适和幸福感，也会给你的人际交往带来更好的体验。

亲爱的女孩，养成良好的生活习惯，需要从小事做起，从现在做起。

首先，你要打理好自己的生活。你要养成定期整理房间的习惯，随着年龄的增长，每一个女生都会发现自己的东西越来越多，如果不勤加整理，那么整间屋子就会凌乱到插不进脚。因此，要做好各种物品的收纳，从化妆台上的瓶瓶罐罐到衣柜里各个季节、各种类型的衣服，都要做好相应的归类，借助合适的收纳工具将会带来更好的效果。

其次，你要做的就是打理好自己。勤洗手，勤洗澡，经常整理自己的衣着和仪容，除此之外，你还要做到保持良好的饮食习惯。如果你是一个经常化妆的女生，那你一定要记得在回到家之后认真地卸妆，因为稍有不慎，化妆品的残留物就会影响你的皮肤状态。

最后，你更需要注意的是公共场所的卫生习惯。你必须保持好自身的形象，在合适的场合穿合适的衣服，保持自己最

好的状态是对交谈者最大的尊重，同时也要注意自己的言谈举止，不要出现太大的疏漏和不雅。不给任何人带来麻烦是公共场所的准则之一，自己的垃圾随身带走扔到垃圾箱内，不破坏公共场所的任何一件物品和大自然的一草一木，做到善良有礼貌。

亲爱的女孩，你将渐渐走入社会，希望你能够时时充实自己的生活，养成良好的生活习惯，在未来每一天的日子里，做自己心目中最优雅的女神。

良好的仪态给自己增添魅力

《弟子规》有曰："步从容，立端正。揖深圆，拜恭敬。"这句话的意思就是：走路的时候一定不要慌张，要从容不迫，站立的时候就一定要抬头挺胸，保持端端正正的姿态。作揖礼的时候要把整个身子都弓下去，做到身圆到位，行跪拜礼的时候也要恭恭敬敬，做到时时刻刻保证自己的站立行走符合礼仪。

中国是一个仪礼之邦，从封建社会传下来的中华传统文化现在依旧深受国人推崇。小的时候，父母就经常教育我们：要站有站样，坐有坐样。出于对长辈的尊重，要做好所有的礼仪。在学校的时候，老师也常常跟我们说："一定要注意坐姿。"其实老师和家长最在意的还是学生们的身体健康，小孩子从小不注意保持良好的行为习惯，保护自己的身体和视力，

第7章
生活健康规律，成功的人生永远离不开好习惯的加持

长大了一定会苦不堪言。

现在的社会中，很多人的鼻梁上常年都挂着眼镜，而且近视低龄化趋势明显，这都是不良的坐立和其他生活习惯导致的。有些孩子写作业的时候眼睛都恨不得扎进书本里，还有些孩子不注意自己的用眼时间，长时间对着电视机和电脑屏幕，时间久了视力自然越来越差。此外，在年轻的大学生和上班族群体中，腰椎和颈椎病的发病率极高，学习或工作要求他们每天都坐在椅子上，并且长时间对着书本或者电子屏幕，这让他们的腰椎和颈椎早已不堪重负，各种疼痛经常发作。而且这类疾病通常很难痊愈，只能靠自己平时多加注意。

汉高祖刘邦出身农家，小的时候并没有读过多少书，因此起初他并不是很喜欢读书人。有一期，刘邦在召见一个名为郦食的读书人的时候，故意坐在自己的床上，在此期间，还故意召见婢女给他洗脚，以此来羞辱郦食。但是郦食是一个冷静并且心胸宽广的人，他看到这种状况不仅没有生气，反而很有礼貌地给刘邦拱手作揖，并且很有诚意地说："如果您想推翻秦朝，就不应该用这种没有礼貌的方法来接待客人。"刘邦听到这句话之后，觉得非常羞愧，便马上把婢女撤掉并且请郦食上坐，很恭敬地向他请教治国之道。

不管在什么场合都需要注意自己的仪态，因为这是对在场所有人的尊重。从小培养自己的坐立行走的好习惯，就是让人养成一个良好的身体形态。如果你在商谈会晤的时候含胸驼

背，那么别人会觉得你此行并没有诚意，乃至上升到人格上的高度。在这种情况下，你丧失的可能是人生的一次重大转机。

　　亲爱的女孩，你不需要像那些女明星一样拥有完美的身材，但是你要管理好自己的仪容仪表，只要你在行走的时候收紧腹部、抬头挺胸，坐着的时候挺直腰背，就能保证自己的仪容是优秀的。这样的你就是人群中那个让人一眼看出与众不同的人。

培养健康的饮食习惯

　　随着现代社会的发展，人们的生活水平也有很大的改善，解决了温饱的人们开始追求精神世界的充盈，培养自己的兴趣爱好。有很多人不满自己的身材现状，开始转战健身房，还有很多人为了保持自己的身体健康，也加入健身大军。但是健身这种事情，三分靠运动，七分靠饮食，所以，从小就培养健康的饮食习惯，不仅有助于自己的身体健康，还能帮助自己拥有更好的身形。

　　据2017年的官方数据显示：中国人的平均超重率为30%，肥胖率为11.9%，中国成为整个世界肥胖率最高的国家。这就意味着，在100个中国人中就有30个人超重，12个人肥胖。除了少数基因导致的肥胖之外，很多情况都是饮食不健康、不规律造成的。除此之外，肠胃不适的问题渐渐成为年轻人或多或少都

第7章
生活健康规律，成功的人生永远离不开好习惯的加持

会出现的病症，而这些问题大部分都是可以靠改变当前的饮食结构和饮食习惯解决的。

亲爱的女孩，你一定要养成健康的饮食习惯，这样才能让自己的生活没有后顾之忧，才有更大的精力应对工作中更多更大的磨难。

首先，你一定不能挑食。现在很多的女孩都有挑食的坏习惯，也许是小的时候就养成的一个习惯，也可能是有很多的食材确实很难让人接受。例如，有人不喜欢吃番茄，有人不喜欢吃洋葱，但是每一样食材都有它存在的价值，都能为人体提供一些必需的营养元素，所以那些普遍存在于日常生活中的蔬菜水果都不应该成为你排斥的对象。我们需要在每天食用足够丰富的食材，才能保证营养的全面。

其次，你需要养成良好的饮食习惯。中国人讲究：早餐要吃好，午餐要吃饱，晚餐要吃少。但是，现在有很多年轻人不吃早餐，而在晚上的时候暴饮暴食。由于作息习惯的不正确，很多人早上总是不够睡，匆匆起床之后便只顾着赶去上班，从来都没有吃早餐的习惯，而晚上便和三五好友去聚餐、烧烤、火锅从来都是他们的最爱。还有的人不喜欢喝开水，从来都只喝饮料；还有的人不喜欢吃青菜，只喜欢吃肉。这些都是不可取的。你应该重视自己的早餐，不吃早餐是个特别容易发胖的坏习惯。此外，少吃高热量的食物，如炸鸡、薯片等，还要控制对糖的欲望和摄入，长期过量地吃甜食会让你肠胃不堪重

负，也会让你的脂肪在体内越积越多。

最后，你应该重视吃饭这件事，很多人喜欢吃饭的时候看手机、看电视，这样会拉长你的吃饭时间，吃饭的时间变长，便会让你在不知不觉中越吃越多。也有人在吃完饭后感觉倦意来袭，便躺着玩玩手机看看电视。这些都是吃饭时候的坏习惯。吃饭就要专心吃饭，把它当成一件神圣的事情就是对自己身体最大的负责。

亲爱的女孩，希望你从现在开始就培养自己良好的饮食习惯，虔诚地对待生命中的每一餐，把生命中的每一天都当作最美好的一天。

身体是革命的本钱，一定要勤于锻炼

生命在于运动，体育运动不仅可以提高人们的生活质量，还可以改善人们的生活方式，更能够促使人养成良好的生活习惯，从而远离很多疾病的困扰。如果你早上或者晚上下班路过小区附近的小广场，你会听见热情似火的音乐，还会看见一群精神抖擞的中老年人在跳舞，近些年，广场舞的狂潮逐渐席卷全国，这一运动不仅成为中老年人的爱好，更加丰富了他们的生活，同时也为他们带来了强健的体魄。

知乎上曾经有一个问题就是：坚持跑步给你带来了什么？

第7章
生活健康规律，成功的人生永远离不开好习惯的加持

无数喜欢跑步的人都在这个问题下面分享了自己的心得，这也掀起了全民跑步的狂潮。那么，坚持运动到底能给一个人带来什么样的变化呢？杨雪可以以亲身经历告诉我们答案。

杨雪从一出生就特别的瘦弱，小时候都是父母捧在手心里养着，可是依旧是经常生病，大家都喜欢开玩笑喊她药罐子，因为她几乎每顿饭都要吃药。正是因为如此，父母从小到大都是放任她成长，从她开始长身体的那年开始，杨雪渐渐地吃胖了，父母也觉得这是件好事情，便从来都不控制她的食量。但是长此以往，杨雪越来越胖了，她不再是以前那个瘦弱的姑娘了，而是变成了一个胖妹子，但是身体一直都不强健。

高考结束的那年暑假，杨雪不想再忍受别人对她的异样目光，她决定减肥，希望自己可以不活在别人的眼光之下，希望可以像正常女孩一样穿自己的喜欢的裙子，于是，她制订自己的减肥计划。她开始夜跑，一开始只能坚持1公里便气喘吁吁。开始的一段时间肯定是最艰难的，但是杨雪咬着牙坚持，慢慢地，她开始加到2公里、3公里直到5公里。从那以后，她开始提高自己的速度，并且慢慢地坚持着。每次跑完之后，她都会做一段时间的拉伸，放松一下自己的身体。

渐渐地，杨雪感觉自己有很大的变化。最明显的改变就在身形上，以前的很多衣服已经不能穿了，她也终于穿上了自己梦寐以求的裙子。而且，她开始觉得自己的身体状态比以前好多了。晚上运动完之后，睡觉都觉得特别香，每天白天做什么

事情都觉得自己精神百倍。坚持运动需要强大的意志力，所以这段时间杨雪也体会到了自律带给人无限的自由。她在饮食习惯上也有很大的变化，以前的她无肉不欢，现在的她只吃一些补充身体能量的肉类，那些油腻的食物只在很少的情况下才吃一点，那些甜品饮料之类的东西也渐渐远离了她的生活。

当杨雪再一次出现在同学们的视线中的时候，很多人都没有认出来，当初那个小胖妞变成了一个亭亭玉立的女神，而杨雪的生活已经离不开跑步了，虽然不像减肥期间那么频繁，但是她依旧坚持每周进行两三次的运动，生活渐渐地变得更加多姿多彩。

亲爱的女孩，养成规律的运动习惯是百利而无一害的事情，为了自己的身体健康，你一定要克制自己懒惰的心理，每周定期做一些运动，通过排汗来加速新陈代谢，排出体内的一些毒素，将来的你一定会感谢现在如此拼命的自己。

细节上的精致带你远离"粗糙"

优雅和粗糙之间只有一步之遥，那就是一个人是否重视自己生活上的种种细节，这是一件在不经意之间就可以完成的事情，也能让别人在不经意之间就看出一个人的生活态度。所以亲爱的女孩，不管在生活的哪个方面，都要重视细节，这样才

第7章
生活健康规律，成功的人生永远离不开好习惯的加持

能从小就养成良好的生活习惯，任何一个生活上的小细节，都有可能让你成为别人眼中与众不同的存在。

在1924年，中华电影学校开始招生，很多人慕名前来应试，人数达到了上千人。在这上千人的应试考生中，有一个名字叫作胡瑞华的姑娘，对于这次考试，她的内心异常紧张和不安。虽然家中有身份显赫的亲戚，但也只是远亲，所以对她来说并没有太大的帮助。因此，她不断地思索：到底怎样才可以在众人之中脱颖而出？

电影学校的应试者，一般长相都很优秀，想在众人之中能让人一眼看见并留下印象并不是一件简单的事情。因此，胡瑞华给自己想到了一个别致的造型：她给自己梳了一个与众不同的横S形，在衣服的左襟上别了一朵抢眼的大花，并且选择了一个长长的流线型耳坠，从耳垂流泻下来特别引人注目，整个复古又新潮的造型，使得胡瑞华在人群中显得格外招人眼球，给面试官留下了深刻的印象。最终，胡瑞华打动了在场的考官，考入了中华电影学校，成为第一期也是唯一一期的的学员。

走上演艺这条道路的胡瑞华更加扎实地学习自己的专业，也努力磨炼自己的演技。最终她从一个只有几个镜头的龙套一路打拼到女主角，在此过程中，她不放弃研究任何一个角色，从量变到质变，终于成为邵逸夫先生创办的天一公司的当红女演员，也就是后来我们所熟知的影后——胡蝶。

亲爱的女孩，你不一定要拥有像胡蝶一样美丽的容颜，但

是你一定要注意自己的仪容仪表和生活上的种种细节。你要收拾好自己的房间，给自己打造良好的居住环境，你也要打理好自己的身体，除了要好好锻炼之外，还要仔细地呵护自己的皮肤和头发，不过度地烫染发，洗完澡之后给自己涂上润肤乳，睡觉之前涂上润唇膏和护手霜，长期坚持下来，你就会发现自己的皮肤变得更加光滑细润。出门之前，一定要检查自己的着装是否得体，不要成为别人眼中公认的不注重形象的邋遢女孩。追求自己的生活质量，成为所有人眼中的精致女王。

女孩的美，在于生活中的种种细节和对每一件事物的品位，这也跟女生自身的修为、能力成正比。与此同时，这也是一种生活态度和生活情趣，好的生活方式能带给人更大的生活热情和更强烈的生活感受，也会在不同程度上带给人的生活新的生机和活力。亲爱的女孩，好好享受生活中的每一个细节，享受这个世界能带给你的最美好的感受。

善始善终才能有更完美的人生

庄子有云：善妖善老，善始善终。不管做什么事情，只要是下定决心开始做了，就一定要坚持下去，不管过程多么艰难都不能放弃，因为只要你轻易地放弃了，前面所有的努力就都白费了。这个世界上的很多事情并不会都按照你的预期发展，

第7章
生活健康规律，成功的人生永远离不开好习惯的加持

人生路上的很多东西，只要你想得到，就必须直面所有的挫折，不轻言放弃，才能达到自己想要的结果。

这世界上的大多数人都是积极向上的，他们一直想做奋发向上的人，总想给自己的人生多一点筹码，所以一直在四处折腾，学习一点东西作为自己走入社会的敲门砖。很多人脑子里会突然冒出学习某一项技能的想法，而且，有不少人下定了决心之后，就会把自己的想法付诸行动，并且做好一切的准备工作。然而，当人在疲劳的时候，总是会有惰性，因此躲在自己舒适区里不愿意出来的人也不在少数。另外，有些人虽然开始了自己的行动，但是遇到困难以后便轻易地放弃了。须知，每一件事情都需要坚持下去才会有成果，放弃一件事情再开始另一件事情浪费的都是自己的精力和时间成本。

大哲学家苏格拉底总是能够用最简单的方法让学生体会到最深刻的道理。一天，苏格拉底给学生上课时说："今天的课堂，大家只学习一件最为简单的事情，这件事也很容易完成。大家都把自己的胳膊使劲儿往前甩，甩到自己的最大限度。"说着，苏格拉底就示范了一遍，并说："大家都重复这个简单的动作，从今天开始，每天都做300下，能完成吗？"学生都笑了，这么简单的事情谁完不成呢！

一个月以后的一堂课，苏格拉底问："还能坚持每天甩300下胳膊的同学都举下手。"90%的学生都面带微笑地举起了手。又过了一个月，苏格拉底又问："每天甩胳膊300下，还

有哪些同学能坚持下来的，请举手。"这次只剩下80%的学生了。一年之后，苏格拉底又问了这个问题，这时候，在整个教室里，只有一个人举起了手，而这个人也就是后来古希腊的另一位伟大的哲学家柏拉图。

  一个良好的习惯并不是一天两天就能够养成的，一个伟大的成功者也需要每天不断地成长，最终成为某个行业的领军人物。很多人都有一个很好的开始，甚至家庭背景优越，本身就有着得天独厚的条件，但是他们中途退场了，最终没有坚持到最后。就像苏格拉底的学生，只有坚持到最后的柏拉图，最终取得了巨大的成就。

  亲爱的女孩，每做一件事情，只要你踏出了第一步，就不要害怕接下来有摔跤的可能。挫折才能使人成长，坚持才能成就人生，不做无谓的努力，也不浪费自己走过的每一步，坚持下去，人生总会给你带来不一样的体验。

第8章
做见过世面的女孩，心智成熟才能把握住自己的人生

古人说：读万卷书不如行万里路。行万里路固然重要，可以见识到自己平日里见不到的秀丽风景、大好山河，更能见识到形形色色的人，学习到更多课本上能学到的知识。但是，读万卷书也尤其重要，读书可以不花费过多的时间便了解到万里路上的知识，也可以更多地学习到各行各业的各种知识。并且读书的过程就是跟作者交流的一个过程，能够和有思想的学者交流也未尝不是一件值得享受的事情。

不管是读万卷书还是行万里路，最终的目的都是成长，见过世面的人，才能更加沉着地处理身边所发生的各种突发事件，才能更加充分地抓住身边所有的机会，才能在自己理想的道路上越走越远。

做最棒的女孩

坚定梦想的道路，不随波逐流

现在社会上很多的年轻人经常会感叹生活的无趣，当你被无助袭击的时候，即使沐浴在温暖的阳光中，微微上扬的视角让整个身体都能接触到阳光的温暖，你依旧觉得寒冷。生活带给你无数的无奈和打击，你没有自己的方向，也就没有努力的动力，只是日复一日没有灵魂地活着。这种生活大概是很多人都不想经历的。因此，你必须树立一个人生的大方向，不管在什么时候，都能在心底呼唤你坚定地拥抱生活。

总有人想着能够一夜暴富，看着别人功成名就，便红了眼地去模仿。然而，成功是不可复制的，世界上没有第二个周杰伦，也没有谁能够成为谁，别人的成功是他们经历过所有艰难之后的成果，每个人都有每个人不一样的条件优势和缺点，只有勇敢地做自己，在自己的方向上不断地奋力向前，才能不输给别人。

小路大学读的是师范英语类专业，自从毕业之后一直没有一份稳定的工作，但是家境不算优越的他一直在自己的道路上折腾着，以至于自己已经三十而立，依旧是一个没房没车没存款的单身汉，这让小路的父母操碎了心。

小路在读书的时候一直做兼职，英语很优秀的他一直在做

第 8 章
做见过世面的女孩，心智成熟才能把握住自己的人生

英语家教，慢慢地从做英语家教发展到开办了一个小型的培训机构。在这个机构中，有专职的同学去公告栏和学校的各种贴吧论坛找一些家教来源，发布消息；同时建了一个小群，给学校里愿意做家教的同学相关的家教信息，帮他们谈好所有的事宜，从同学们的家教费中收取一部分作为中介费。家教科目涉及各个学科。在大学阶段，这个培训机构做得风生水起。

毕业之后，小路也依旧想做教育培训，于是在自己学校门口做起了同样的家教培训，但是，由于脱离了学校组织，小路此次的创业计划在坚持了3个月之后便支撑不下去了。同时，小路把大学期间攒下的钱基本上都花光了。

眼看着大学时期的许多同学都在新的学校里展开了新的学习生活，小路心中不免羡慕起来。一向喜欢英语的他也想考研，因此便买来大批资料准备考研。时间一晃就过去了，坚持了一年多的小路虽然考取了还不错的成绩，但是依旧没有考进理想的学校，这对于小路的打击是极大的。看着小路的情绪这么低迷，他的父母觉得公务员是一份稳定又体面的工作，便开始劝说小路去参加考试。小路也开始慢慢地调整自己的情绪，准备参加公务员考试。但由于他备考的时间比较短，公务员考试也没能够考出理想的成绩。

痛定思痛，小路开始反思自己这一段时间的状态和心路历程，他逐渐找回自己的初心，觉得大学时给小孩子做英语家教的那段时光是一段特别开心又充实的日子，于是，小路收拾好

心情，去一家英语培训机构面试，重新做回一名称职的英语教师。不久之后，由于扎实的教学能力，他的工资不断攀升，渐渐地迎来了事业的高峰。

人需要在人生的道路上找准自己的位置，小路当初若是坚定走做英语教师的道路，那么可能也不会有后来的种种折腾。坚定自己的初心，才能在黑暗之中坚定方向，走向远方。

亲爱的女孩，梦想是一个人这一生最重要的东西，它牵引着你的人生方向，带领着你在未来的道路上更加勇敢坚强地走下去，当你被挫折打击得体无完肤的时候，它就是治愈你的太阳，让你能够重新站起来，走向更好的未来。

主动体会生活的喜悲

人生那么长，每一个人都会尝尽所有的酸甜苦辣。虽然我们常说这世界的每个人都应该被生活温柔对待，但是貌似每个人都曾经在自己的角落里偷偷地流过眼泪，包扎过伤口。这本就是一个没有绝对公平的世界，在巨大的压力之下，学会放过自己，体会最靠近自己的生活，会更容易开心一点。

每个人的生活不可能都是一帆风顺的，酸甜苦辣咸交织在一起才是人生百味，没有冒险和挑战的生活，怎么能够得到成长，体会到突破重重考验的惊喜？生命的每一个时刻都是必不

第 8 章
做见过世面的女孩，心智成熟才能把握住自己的人生

可少的，我们只需要静静地经历并慢慢地消化那些让自己成长的艰辛，就一定能够体会生命的乐趣。

阿爽平时是一个特别开心的人，也是身边朋友的开心果，但是在去医院的时候，总是会让自己的情绪低落下来，因此这个时候的她拒绝了所有人的陪伴。一方面时间的问题，大家都挺忙，另一方面阿爽不想让大家看到她的脆弱。

一个人在医院的队伍里活动着，阿爽突然之间觉得突然觉着自己有点可怜，深处在异乡却不算陌生的城市里，拖着病快怏的身躯，奔走在这楼道里，阿爽不断地安慰自己：我是幸福的，身边的人都很爱我。即使大家都不是勇敢表达爱的人，即使不舒服，我还是愿意用乐观和心情感染身边的人，何必大家都那么大的负担。阿爽天生害怕那些尖尖的东西，因此从小到大都害怕打针，妹妹遇到这种情况，总是扭过头去，放佛没有看到就感觉不到疼似的。但是这次阿爽强迫自己看着护士姐姐扎针下去，大抵是每个人特有的倔强吧！在这种大环境下，才更能催发内心最真实的情绪。

阿爽的目光注视着医院里的匆匆行人，忽然间接受了生命之终不可避免的病痛。是啊，这个世界上的每个人谁没有过或大或小的伤痛，这么冷静的时刻大概是生命想给那么有激情的你的一点调味剂吧！接受生活中的悲喜往往是这个时候的最佳选择。

阿爽心里想：大概是自己最近都没有自己自己身体上的不

适合心理上的波动。有时人会让自己的情绪的悲伤极端化，面对独立成长的自己，所谓的坚强只是想不让身边的人不为自己担心。人都应该创造机会，让自己去体验真实的生活，去感受真正属于自己的预愉悦心灵。

人总要学着自己长大，在过去的光景里，你从一个孩子到活得像个成年人，你体会过生活之中的艰辛也笑迎过生活中的欢喜，也曾像阿爽一样在生病的时候脆弱得像个孩子，但是阿爽是一个聪明的女孩，她学会了接受自己低落的情绪，学会直面自己的恐惧，也学会了用坦然的心面对每一个突如其来的磨难。生活总是在考验我们每一个人，只有坚定内心，我们才能够在未来的道路上更加精神饱满地抓紧一切生机。

亲爱的女孩，每个人在独处的时候总喜欢胡思乱想和莫名感伤，这是人之常情，谁都有自我否定的时候；也只有在一次又一次的否定之中，才能让自己更加珍惜接下来的激情岁月。青春总是令人惦念的时光，希望你能握紧手中的每一寸光阴，坦然地体会人生百味，世事无常。

更广阔的知识面才能丰富人生经历

读万卷书不如行万里路。你以为的生活是什么样子？你梦想的生活是什么样子？现实与理想的对比，有时候有一点点残

第 8 章
做见过世面的女孩，心智成熟才能把握住自己的人生

忍，但总有人在过着你想要的生活！一个人的一生可能有很多变化，我们不知道自己的未来会怎样，生活的改变程度会怎么样，但是你想要的，想给的，都要靠自己去争取，去闯荡。所以在年轻的时候应该多见见世面，丰富人生经历。

每一次的路途都有不一样的感受，旅行的意义就在于此，一个陌生城市带给你的感觉，一些陌生人带给你的小感动，一些旅伴带给你的意外惊喜。或许路途中有很多你想不到的遇见，但是别担心，你所遇见的，与你心里当下的感受，都是你最好的记忆。

都说女孩子要富养，很重要的一点就是，当一个女孩子有足够的见识，才能在成长的道路上经受得起更多的诱惑，才能更好地辨别出善恶，抵挡这世间的种种苦难和挫折。而所谓的见过世面，无非就是自己经历的事情多了，有了更多的经验，足以波澜不惊地处理生活中下次意外的来临。

沈小依从小就是一个知书达理的孩子，遇到长辈彬彬有礼，跟同龄的小朋友一起玩耍也能其乐融融，碰到一点小摩小擦，她也能够很好地处理，因为她知道做什么事情是有意义的，一直跟朋友做无谓的争吵只会加剧两人之间的矛盾，这一点是很多成年人都意识不到的。

在沈小依小时候，父母经常带着她四处旅行；长大后，只要自己有多余的经费，她便会给自己一场说走就走的旅行。她见过太多的人，看过太多的事，这也让她更加明白什么事是无

谓的事，不必计较，什么事情是自己毕生的追求。

　　沈小依还会主动去体验生活的悲喜，毕竟，生活才是人生最重要的过程。去感受运动时全身细胞的跳动，做家务时去用心体会，放松自己的心情，去看自己喜欢的书，汲取自己需要的知识，专注地对待自己的学业和工作上的每一个细节，这就是在生活中最重要的过程。她明白，只有做好自己，才能更好地对待生活中的每一个人、每一件需要重视的事情。

　　亲爱的女孩，也许你没有沈小依那样一个有意识从小培养孩子的原生家庭，但是现在的你可以凭借自己的努力去找到自己的方向，努力去体会生活中的悲喜，尽可能地拓宽自己的眼界和生活圈，去见更多的人，经历更多的事情，这样才能让自己不在岁月的洪流中失去自我，不在日新月异更迭不断的社会中成为被淘汰的那一批人。

　　广泛地涉猎群书也能在很大程度上开阔自己的眼界，假如你没有更多的机会去看更多的风景，跟更多的人交流，那么读书就是一个很好的途径。你可以在书中遨游整个世界，跟更多的牛人进行心灵上的深度交流。所以，亲爱的女孩，当你不知道该干什么的时候，就去读书吧，它可以让你更好地找到自己，找到这个世界的秘密。

第8章
做见过世面的女孩，心智成熟才能把握住自己的人生

当下才是最好的年纪

在过去的那些年里，我们不断经历磨难，渡过这一次的磨难之后再面对下一次磨难，反反复复之中，你好像也有了独立解决问题的能力，不管到最后的结果是好还是坏，你都已经有了承担结果的能力。即使心存懈怠，很想逃避这不好的结果，它也依旧会劈头盖脸地砸向你，让你措手不及。你已经不是当年那个可以天真烂漫的小女孩了，这个世界上有你需要承担的责任，也有你去展翅翱翔的天空，勇敢一点，跨出走向成年人的第一步吧！

在走出大学校门的那一刻，我想起了一句曾经觉得很矫情的话：希望终有一天，我不会成为自己讨厌的那种人。到现在想来，曾经的年少轻狂都是青春的资本，每个人都在努力成为一个跟别人不一样的人，但是在走进社会之后，大家终归会变成自己不想成为的那种人，变得圆滑世故。其实不是你成为了自己不想成为的那种人，只是在这个社会上，我们需要用更加温和的方法来保护自己。我们都不是小孩子了，都要为自己的行为和所说过的话负责任，我们也需要生存，需要靠自己的双手去打拼属于自己的一片天地。

人都要活在当下。每个女孩都有记忆中最美好的17岁，都有让人难以忘记的青春岁月，时下的各种影视作品，其营销口号都在赞扬青春年少的自己更加阳光烂漫，都在追忆歌颂自己

当年的那些美好时光，但是，当下才是每个女孩最好的年纪。你有不同于年长之人的热情和活力，你有不同于少女时期的成熟和睿智。所以珍惜当下时光的你，努力学习自己将来赖以为生的技能，努力修炼，使自己成为一个有担当有魄力的人，努力完成自己的梦想，努力成为自己想要成为的那种人，这些都是成年的你应该对自己对家人负的责任。

亲爱的女孩，不管你是17岁还是27岁，希望你都能先学着掌控自己的生活。生活永远是人生最重要的一部分，你不应该再像小时候一样衣来伸手饭来张口，你应该主动承担起家务的责任，帮助父母减轻家庭的负担。学会收拾自己的房间，学会做饭，学会自己离家独立后需要自己做的所有事情，那样才不至于离开父母后手足无措。

你更应该学会掌控自己的思想。每个人在心底里都是享乐主义，都希望自己每天不用劳动就能获得自己想要的东西。而成功的人都会控制自己的思想，控制自己的行为，控制自己做一个勤奋的人，每天做好自己的学习内容和工作内容。我们可以适当地休息，但是不能过度放纵自己，因为一旦走进舒适区就需要花费更大的决心和力气从中走出。

你还应该学会承担自己的责任，除去对自己和对父母应尽的责任，你还需要对你所在的集体负责任，说错话做错事要主动承担责任，公共场所要维护好公共秩序，更重要的是维护好国家荣誉。这些都是我们应该做的事情。

第8章
做见过世面的女孩，心智成熟才能把握住自己的人生

亲爱的女孩，请不要一直做一个小孩子，小时候幼稚叫可爱，长大了之后还是如此幼稚那就是不负责任了，是对自己的不负责任。成长的路这么艰难，为何不让自己早些强大一点？那样，以后即使面对再危险的道路，你也是一个有勇气往前冲的姑娘。

法律永远都是保护你最强有力的武器

小时候经常会看香港的律政剧，当一名优秀的律师在法庭上为弱者发声，用自己的实力帮助他们讨回公道，在敌方一波又一波的攻势之中应对自如，立场坚定，发挥自己强大的逻辑思维，最终取得胜利的时候，内心总是跟电视剧里的人物一般欢喜。那一刻，律师的身份在我心里是闪闪发光的，也在我心中埋下了一颗小小的种子。

长大以后，虽然没能实现成为律师的儿时幻想，但是，我对律师这个行业依旧是满满的敬畏之心。其实，在21世纪这个法制社会，知法、守法、懂法是每一位公民的必修课，就算你不是法律工作者，但是只要在这个世界上生存，就必须维护自己的权益。所以，每个人都应该学习基本的法律知识，在生活的方方面面树立法律意识。

程曼从小就被父母教育着做人不要随便惹事，能避开的事

情就尽量忍过去，所以，在家庭的影响之下程曼养成了一种胆小甚至有点懦弱的性格，有时候，她甚至会为自己的懦弱而自卑。

小时候，程曼跟其他的小朋友一起玩的时候，总是最安静的那一个，即便手中的糖被抢走了，程曼也不敢多说几句话，感觉到委屈时，也只能强忍着泪珠在眼睛里打转。

在读书的时候，程曼一直是同学们眼中很安静温和的姑娘，所以不管跟谁都能相处得很好。但是程曼依旧是一个柔软的性格，因此也成为某些同学欺负的对象。对于这些，程曼选择默默忍受。

虽然性格懦弱，但程曼怀着为这个世界上所有的弱势群体保全权益的愿望，高考之后，选择了自己心心念念的法学专业，她希望用自己的能力帮助那些需要帮助的人。初学法律的人总是容易被眼前众多的学习资料给吓到，但是，随着学习的深入，程曼渐渐地为自己所作出的决定而自豪。她开始明白自己的权益，也渐渐地觉得自己懦弱的性格有些许的改变，因为她懂得了自己在这个世界上所有的权利都是受法律保护的，是任何人都不能够侵犯和剥夺的。人不犯我，我不犯人，人若犯我，我必拿出法律武器追究到底。

现在的程曼已经越来越自信，她渐渐地变得开朗起来，再也不是过去那个柔弱的姑娘，碰到侵犯自己利益的事情时，她越来越相信法律的力量，不再惧怕恶势力。生活在这个社会

上，总会跟别人有些许摩擦，碰到蛮不讲理的人，以前的程曼总是会一句话都不说地仓皇逃走，现在的她总能用自己专业的力量让对方哑口无言。

中国的法治体系在不断的更新之中已经越来越完善，人们生活的方方面面都会受到法律的保护，碰到不公平的事情就要勇敢地拿起法律的武器，帮助自己也帮助他人。

亲爱的女孩，如果你一点都不懂法律，即使不像程曼那么专业，也要学习一点法律的知识来保障自己的权益。工作的时候你会签劳务合同，购房的时候你会签署房屋购买合同，生活的各个方面都离不开法律，所以不要让自己成为法盲，否则你总会被这个社会所淘汰，总会因此而吃亏。知法，守法，懂法，希望你成为一个自信且有能力保护自己的人。

接受生命教育，拥有正确的生死观

活着是为了什么？这是一个很现实的问题，也是一个极具哲学性的问题。这大概也是从古至今的每一个人都问过的问题。但是几千年下来，从来没有一个人能够给出一个完美的答案。有人说：活着是为了更好地生活，为了以后的自己能够做自己想做的事情，去环游世界，去享受人生。有人说：活着是为了梦想，是在一次又一次的失败之中又为了梦想重新燃起希望。也有人说：向死而生，每一个生命从诞生起就走上了奔向死亡的旅程，其中走过的风景才是此生最大的意义。

亲爱的女孩，这个世界有很多人讨论过怎样过一生才有意义，但过好每一天才是最重要的。尼采说："每一个不曾起舞的日子，都是对生命的一种辜负。"追求生命的意义本来就是一件没有意义的事情，存在本没有意义，而生活就是为了寻找意义。所以这个寻找的过程就是人生。

曾经看到一位朋友发了这样一条朋友圈：有个高中同学，人特别的温和，学习成绩也特别好，毕业之后在深圳的一家大型科技公司工作。最令人惋惜的是在有一天上班的路上被一辆失控冲入人行道的汽车撞上，抢救了3天没救回来，去世了。对此，大家都表示遗憾和惋惜，世事无常，谁也不愿意发生这么令人窒息的事情，但人生就是这样，你永远都不知道明天和意外哪个先来。所以，活着的人要正确地看待生死，过好此生的每一天，不惧怕每一个夜晚来临的日子。

哲学家Alan Watts说："人生是一个音乐般的东西，在音乐播放时你应该跳舞歌唱。"做自己喜欢做的事情，才能在漫长的一生中风雨兼程地坚持下去。所以，不要太过于逼迫自己，相比于天上的繁星，人生的短短百年不过是沧海一粟。如果自己确实没有能力做出什么惊天动地的大事，就要坦然接受自己的平凡。因为你无法单凭自己的一己之力对抗着世界的起起伏伏，你短短几十年的人生经验更谈不上去考虑什么样的生活是

第 8 章
做见过世面的女孩，心智成熟才能把握住自己的人生

平淡的，什么样的生活是精彩的。

亲爱的女孩，在自己的生活中要多给自己一些甜头，多做让自己能够开心的事情，你喜欢旅行，那就背上行囊说走就走，你喜欢画画，那就背上画板去色彩的世界里体会人生。总之，人都是为自己而活，不要让自己在不断的思考和纠结之中浪费了大半青春。要用力地活好每一天每一刻。好朋友一起谈天说地，想笑的时候就放声大笑；工作的时候该正经就正经；看电影的时候就要用心看，看完了之后想哭就哭，想笑就笑。这样看来，生命的每一刻又都是有意义的！

正确地看待生死是每个人的必修课，也是人这一生中都在不断探索的事情。因为不知道你现在做的事情到底有没有意义，所以才一直烦恼，但是烦恼本身也是让你不断成长的过程。所以亲爱的女孩，不要过度排斥烦恼的存在，就算一味地排斥苦难，难道没有苦难的人生就是圆满的吗？

离家出走是最不负责任的行为

小时候的你，一定跟父母赌过气，你内心满腹委屈，觉得他们不体谅你，然后气冲冲地背着自己的行李离家出走。但是，脱离了父母的庇佑，你会发现这个世界上竟然没有自己的容身之处。直到父母找到你之后，你才发现，在自己消失的那

段时间里，父母是多么的焦躁。而你更不知道的是，发现你不见了、找你的整个过程，对他们来说又是多么煎熬。

　　曾经看到过一个短片，片中的女孩跟母亲发生了冲突，在严寒的冬季，她一个人跑出了家门，在寒冷的大街上四处游荡。已经过了夜里11点，她还没有回家，饥肠辘辘的她，来到了一家小馄饨店的门口，因为身上没有带钱，所以她只能远远地望着，也不敢轻易进去。馄饨店的阿姨看到小姑娘一个人一直站在那里，于是便把她叫进店里，煮了一碗馄饨，端到她的面前。女孩饱含热泪地吃完了馄饨，哭着说："一个陌生的阿姨，都对我这么好，而我妈却只会骂我！"阿姨却说："一个陌生人都担心你在寒冷的冬夜是否饿肚子，更何况你的母亲呢！"恍然大悟的女孩，便跑回了家，果然在小区附近发现母亲正在着急地找她，急得眼泪都出来了。她赶紧跑到母亲面前，而母亲也没有责骂她，只是紧紧地抱住了她。

　　在父母的眼中，你永远是一个孩子，但是身为父母的他们更希望你以后是一个优秀的孩子。他们是第一次做父母，有时候方式可能不太对，但是爱你的心永远不会改变。

　　包贝尔是中国一位家喻户晓的喜剧演员，看过他的表演的人都会被他的表演逗得哈哈大笑，但是包贝尔私底下其实是一个性格沉稳的人，教育自己的女儿时也是异常的严厉。父母离异的他从小就跟着父亲生活，妹妹则是跟着母亲一起生活。有一次，包贝尔因为需要钱，便跟妹妹借了50块钱，但是他忘

第 8 章
做见过世面的女孩，心智成熟才能把握住自己的人生

记还了，于是妹妹便打电话到家里要钱，这件事情被父亲知道后，父亲用皮鞭抽了他。

他觉得，自己借钱自己还，父亲凭什么打他！于是他气冲冲地离家出走，在一家澡堂里待了7天，最终还是被父亲找到了，带回了家。回到家之后，父亲并没有打他，而他在无意之间看到父亲一个人站在阳台上低声哭泣。后来的包贝尔才知道，原来父亲为了找他，去找了他最好的朋友，着急的父亲跪在地上求他的好朋友，只是想知道他的下落。而这也成了他青春时代最大的遗憾。从那以后，包贝尔就再也没有跟父亲生过气，因为父亲对他浓浓的爱，都包含在那无言的沉默和严肃的态度中。

亲爱的女孩，没有一个父母不爱自己的孩子，即使他们用错了方法，他们也只是恨铁不成钢，只是希望你以后能够成为一个正直的孩子，遵从自己的梦想，成为一个有用的人。为了你，他们可以放弃自己的一切。所以即使有再大的委屈，你也应站在他们的位置考虑一下，一定不要离家出走。这个世界上坏人太多，你还太小，不足以单独抵抗所有黑暗。等你长大了，羽翼愈渐丰满了，你会发现你陪伴父母的时间越来越少。所以亲爱的女孩，成为一家人的缘分请好好珍惜，因为你们都是彼此这辈子最重要的人！

第9章

拥有好性格才有好命运，爱笑的女孩运气总不会差

人的性格就是人们为人处世的态度，一个人拥有好的性格，才能更加从容地对待这个世界上发生的种种事情，不管是幸运的事情还是不幸的事情，都能够波澜不惊地解决。都说爱笑的女生运气总是不会太差，那是因为经常笑脸迎人的人总能以一个平和的心态来面对这个世界的纷纷扰扰，更随和才能花费更多的心思在更有意义的事情上。

情商是人们身处繁杂社会中最重要的品格，从容淡定地解决每一次紧张的人际矛盾，把每一次即将点燃的战火顺利扑灭，才是真正的看破世事烦扰。追求自己想要的东西，就不能害怕失去些什么，只要自己有收获。

用平和的心态面对所有不如意

现在这个社会多浮躁啊，每个人都在想着怎样才能过上更好的生活，但是欲望是永远都不能被满足的，只要你得到了一件东西，见识更加广博的你便总是想要更多的东西，这个世界上有无穷无尽的东西时刻侵袭着你的意志，所以很多年轻人在奋斗的这条路上渐渐地迷失了自己，再也找不到自己当时的梦想、当时坚持的那条道路。

亲爱的女孩，人生是一段艰苦奋斗的旅程。虽然每个人都想过更好的生活，但是这种事情不能急于求成，路总得一步一步走，即便你想快一点，跑起来，也得一步一步跑，步子跨得太大很容易让自己摔跟头。所以，不论对待什么事，都要保持一个平和的心态、清醒的头脑，这样才能在意外来临之时沉着对待。

阿奇今年读高三，在一所重点高中的普通班级里，学习成绩一直是垫底的水平，但是阿奇是一个极其刻苦的孩子，每天上课的时候都在很认真地听讲，下课之后也在认真地看书，即使其他同学在娱乐或休息，他也在目不转睛地盯着自己的教辅材料。更神奇的就是，不管阿奇的周围有多么的吵闹，他都能毫无反应地沉浸在自己学习的世界里。但是每一次考试时，阿

第9章
拥有好性格才有好命运,爱笑的女孩运气总不会差

奇的成绩总是没有什么起色。

在高三下学期的一次比较大的模拟考试之后,阿奇的成绩跌到了有史以来的最低:班级的最后一名。他的心里痛苦极了,为什么自己不管怎么努力都没有任何起色?为什么那些成绩好的同学只要稍微看看书就能稳稳地拿到班级的前几名?阿奇是一个性格内向的男孩子,平时也没什么特别好的朋友,因此在他思想走进死胡同的瞬间,并没有人发现他有什么异常。阿奇觉得自己的人生没有什么希望了,家境不是很好的他想靠着学习走出困境,但是他的学习还是一如既往的糟糕。他爬上了图书馆的顶楼,不想再过这么糟心的日子,他在天台徘徊着,最终一跃而下。

阿奇挂到树上,身上多处骨折,被送到医院进行抢救,在重症监护室观察了半个月才转到普通病房,但是医生说:即使他能活下来,也会成为一个植物人。这样的结局,不知道是幸运还是一种不幸。幸运的是阿奇还活着,而不幸的是,这对于他那个本就不太宽裕的家庭来说,无疑是雪上加霜。

有些孩子太玻璃心了,小小的打击便能够让他们失去对这个世界的留恋,人生那么长,学生时代也只是人生的一小部分而已,即使没有一个很棒的学习成绩,未来也有很多出路,总不能因为一时学习成绩不好就失去了活着的信心,未来还有更多的磨难,需要你磨平自己的心态。

亲爱的女孩,你一定要控制好自己的情绪,生活确实有很多苦难，但是也有很多幸福的日子啊！不管有多大的波折，请一定要调整好自己的心态，只有这样，才能从杂乱的事情中整理出头绪，才有可能对本来已经没有转机的事情找到新的突破口。柳暗花明又一村，黑暗的日子总会过去的，静静等待天明，才是正确的人生态度。

幽默感能娱乐自己，也能给别人带去快乐

在现在这个社会中，如果你想得到更好的人际关系，情商会比智商更加重要一点。所以，在跟别人交往的过程中，适当地运用幽默这一方式，会让整个局面变得更加轻松和愉快，而那个会用幽默给别人带来快乐的人，将会更容易掌握整个局面，也更容易成为整场的焦点。

一个在言语上幽默风趣的人，往往能更很大程度上展示自己的魅力。而那些天生就比较幽默的人一般都是一些温暖善良的人，因为他们总是能用自己的话语给别人带去欢乐，也更善于用自己语言的技巧把那些本来不太开心的伙伴的情绪调动起来，所以幽默的人很容易成为朋友圈里最有人缘的那个。

好的幽默方式能够给别人带来更加愉悦的感受，但是幽默也要分方式和程度。有些人以为自己是幽默，实则是拿着别人的缺点来给别人捅刀子，当你笑得前俯后仰的时候，你有没

第 9 章
拥有好性格才有好命运，爱笑的女孩运气总不会差

有注意到当时人那尴尬却无法隐藏的笑容？所以，开玩笑不能过度，你需要重视别人的心理感受，不能拿别人的短板当作你取悦他人的条件，否则很容易让别人跟你产生距离感。与此同时，像那些比较严肃的话题，如宗教、政治、伟人和当事人的长辈等，都不适合出现在你的幽默之中，措辞稍有不慎，便会让你成为众矢之的。

孙中山是中国历史上不可缺少的人物。有一次，他去一所大学里给同学们做一场关于民族主义的演讲。当时那所大学的礼堂特别小，并且来的人特别多，很多同学在没有座位的情况下，从外面带来了小板凳挤在礼堂里，就是希望能够听到孙中山先生的一些见解，导致整个会场闷热浮躁。讲了一段时间之后，同学们渐渐地有点昏昏欲睡，孙中山先生见状，便插入了一个小故事。

他说："我在香港读书的时候，看到一群做苦力的人在一起谈笑风生，笑得很开心，于是凑上去询问。其中有一个人说：他们中有一个人前些天买了一张彩票，顺手把彩票藏在了挑东西的竹杠之中。等到开奖的那一天发现自己真的中了头等大奖，高兴得手舞足蹈，开心地想象着自己能用这笔钱做大生意、买大游轮环游世界等，激动得把自己手中的竹杠都丢到了大海里。等到他自己冷静下来之后才发现钱还没有拿到手，彩票已经掉进大海里了，结果只是空欢喜一场。"

孙中山先生说完这个故事之后，全场哗然大笑，也不再有

人感觉到有睡意，于是他赶紧切入正题说："对于我们所有人而言，民族主义这根竹杠千万不能丢啊！"孙中山先生用这个幽默的故事不仅解决了现场的纪律问题，还在欢笑中给这次演讲带来了更好的效果。

亲爱的女孩，你应努力培养自己的幽默细胞，储存更加丰富的幽默知识。此外，你还需要保持自己的乐观态度，因为心态平和的你才能在更多意外的情况下用良好的应变能力化解别人的尴尬，从而让自己成为一个睿智幽默有魅力的人。

开朗也要有分寸，做一个矜持的女孩

开朗对女孩来说是一个很美好的标签，没有人愿意和一个整天都闷闷不乐、不爱讲话、只活在自己的世界里的人交往，他本身沉闷的气氛就会让人避而远之；而那些性格开朗的人大多都能在自己的交际圈里赢得更多人的目光。但是对于一个女孩来说，开朗也要适当地注意分寸，不能把开朗当作不管理自己言行的借口，适度的矜持会给你的形象增加更多的魅力，而过度的开朗有可能会给你带来伤害。

每一份矜持都包含着一个有自制力的灵魂！成为一个开朗又不失内秀的女孩，才是你在人际关系的道路上最重要的一个环节。如今，女孩受到迫害的新闻报道层出不穷，而除去那些

第9章
拥有好性格才有好命运，爱笑的女孩运气总不会差

心术不正的人，你的性格也许会让别人误以为你是一个性情浪荡的人，所以不管是说话还是自己的行为，都要保证尺度，保持好自己的底线。虽说发生惨案的概率是微乎其微，但是为了自己的安全，还是要努力躲过那个小概率，否则就会让自己终身遗憾。

所以，酒吧、夜店这种会让人的行为失控的地方尽量不要去，人心还是险恶的，你不知道你自己的一些行为会令别人产生什么样的意图，那些场地往往会成为进行肮脏交易的地方！没有分寸的少女稍有不慎就会落入别人的圈套，即使你本身自律且矜持，也不一定能在那样一个场合中保证自己的安全！做自己，做一个矜持而又明朗的女子，从自己的一言一行，从自己的日常生活中开始！

亲爱的女孩，做一个矜持的姑娘，从小做起。

首先，要注意自己的言行。小的时候，每个人的性别意识都不强，大家都是关系很好的小伙伴，一起上学一起玩耍。但是随着年龄的渐渐增长，你就不能再不管不顾自己的女孩子形象，虽然现在是一个开放性的社会，女性不再像封建社会那样大门不出二门不迈，但是该做到的端庄态度一定要牢牢地记在心中！时时刻刻提醒自己谈吐得体大方，坐立行走都要注意淑女姿态，这样才会让成为更有气质的姑娘。

其次，与人交往要注意含蓄，尤其是在跟异性相处的时候，不能毫无顾忌地什么都说出口。在说话之前一定要谨慎地思考，这句话说出来到底合不合适。该说的话就说，不该说的话万万不要说出口！但是，切记不要为了矜持而装矜持，否则，不但会失去端庄，还会落得一个矫揉造作的名声。

最后，你一定要记得这个世界是留给那些有分寸的人的。不管是为人处事还是做人的态度上，你都要掌握好自己的分寸，打乱你正常生活节奏的人尽量不要接触，违背你做人原则的人更是要远离。无论做什么事情，都不要让它发展到自己的控制能力之外，做一个能够控制自己的人，才会明白自律带来的自由有多美好！

爱慕虚荣是欲望膨胀的起点

现在这个社会好像有一种风气，从成年人到小朋友似乎都有攀比之心。随着国民经济的大幅度发展，人们的生活水平也发生了翻天覆地的变化，心理需求也不断地在膨胀，想要的东西也在不断地增加。尤其是现在品牌营销做得天花乱坠，品牌效应在人民心里日益深刻，在生活的各个方面，人们都希望自己能拥有最好的。

人的内心本来就是虚伪和自卑的，当看到别人拥有的东西之后，自己就会有很多不一样的酸涩感；当自己拥有之后，又特别自豪地觉得自己在人群中是最出挑的那个人，这就是所谓

第9章
拥有好性格才有好命运，爱笑的女孩运气总不会差

的爱慕虚荣。但是，攀比心理是一种不健康的心理，因为这是一种强烈的需要满足的欲望，人的欲望是没有极限的，一旦陷入虚荣的旋涡，便会让自己更难脱离这个困境。

陈雅雯和现在的男朋友已经相恋4年了，刚进入大学的时候，男朋友是同一个学院的师兄，在一个人生地不熟的城市里，能够有个人对你嘘寒问暖、处处为你着想，也是一件很幸福的事情，所以，没过多久，他们两个就恋爱了。

但是陈雅雯是一个爱慕虚荣的小女生，平时跟男朋友一起出门的时候，看见一件东西就想买，尽管男朋友家里的经济条件也不是很好，但是面对小女生的小小的虚荣心，她的男朋友能够理解，只要不是特别过分的要求，他都能够接受。渐渐地，陈雅雯的欲望越来越大，寝室里有一个室友家境很好，她每次出门逛街买的东西都让陈雅雯可望而不可即。有一天，室友买了一个名牌包包，陈雅雯看到之后特别喜欢，所以，她就想让男朋友来满足她的欲望。但是，买一个价值上万的包对于一个家境一般的在校生来说是一件特别为难的事情。于是，为了让陈雅雯开心一点，男朋友便在假期的时候拼命地打工，终于赶在陈雅雯的生日到来之前满足了她这个愿望。拿到包的那一瞬间，陈雅雯的心里异常的开心，当即就在室友的面前展示了一番，并且时时刻刻都带出去给自己撑场面。

毕业之后的陈雅雯，也面临着父母的催婚，交往4年的他们也觉得可以把结婚提上日程了。但是陈雅雯看到其他的同学都嫁得风风光光，心有不甘的她便狮子大开口，索要一套本市市中心的房子和巨额彩礼。男朋友家倾尽所有家产在郊区买了一套房子，哪里还有钱再出彩礼钱！就这样，4年的感情随风而去，两人最终以分手收场。

　　对于陈雅雯来说，放弃这个对她无微不至的人，绝对是一个巨大的损失。如果她能够放下自己的虚荣心，不提出那么多的无理要求，也许她就不会错过这个珍惜她的人。

　　亲爱的女孩，欲望是满足不了人的精神需求的，尤其是物质上的需求，只会给人短暂的精神喜悦，只有找到让自己能够在精神世界得到满足的东西，你才能长久地维持自己的满足感。适当地展示自己的优点，可以在各个方面提高自己的人格魅力，但是过度的虚荣，只会让别人看轻你，你得不到任何的好处。

正确看待别人的优点

　　孔子曰："三人行，必有我师焉；择其善者而从之，其不善者而改之。"能够经历几千年留下来的哲理，都是值得人深深思考的！每个人内心深处都是自私的，看到别人拥有的很多东西，如果自己没有，心里往往会生出怨恨和嫉妒。当你能够做到看到别人的成就后虚心去学习和请教时，你就能够在自己

第9章
拥有好性格才有好命运，爱笑的女孩运气总不会差

成长的道路上更上一层楼！

读书的时候，为了巩固知识点，总是需要做很多的习题，当你做到一种新的类型的题目的时候，你会完全没有思路。在这个时候，老师通常都会提醒你去习题册找相同类型的题目，这样新的解题思路就出来了。这种情况也是在学习别人的思路，在别人的成果上进行再创造有时候会得到更好的结果。正确看待别人的优点也是同样的道理。

在公司里，林梅的工作能力只能算是中等水平，平时做事情中规中矩，工作成绩也是无功无过。但是林梅现在的工作状态是一个很焦急的状态，她有野心却没有足够的实力来支撑她想要的事业，进入这家公司3年了依旧是一个部门专员的职位。而面对公司的那些后起之秀，林梅看在眼里，心里也是深深的不安。渐渐地，心态失衡的林梅有点掌控不了自己的理智了。

小新是去年刚毕业的大学生，刚进入公司的时候跟林梅在一个部门，每天做着同样的工作。虽然策划部门的工作异常烦琐，但是小新是一个头脑灵活的人，不管做什么事情都能够面面俱到，并且对于每个环节可能会出现的意外都会准备好应急的措施，一旦出现失误，便能够立即有解决的方案。所以，小新经常受到部门经理的夸奖，在公司的年度表彰大会上，小新得到了最佳进步奖的荣誉，并且在新年伊始成为部门小组的小组长。这实在让林梅红了眼。

有一次，在一个策划案上，林梅看不得小新现在处处得志

的样子，便不断地跟她唱反调，最终却由于自己并没有给出更好的想法而被经理骂了一顿。于是她在公司的社区网站匿名发送恶意帖子诋毁小新，最终被公司查了出来，以诋毁员工的名义被辞退了。

如果林梅能够正视小新的优点，并且虚心地向她学习，找到工作当中的新的节奏，那么她就能让自己的境界更上一层楼，而不是像现在这样，因为嫉妒别人的优秀而落了个被辞退的下场。人外有人，天外有天，当别人比你优秀的时候，你更能看到自己的短板，这也是你最容易成长的时候。

能够做到学习别人的优点也是一种很深刻的境界，它不仅能给你带来更强的学习能力，还能给你带来更好的人脉。这个世界上的所有人都喜欢谦逊的人。若一个人总是夸夸其谈，并且在别人展示自己的优点的时候只会给别人泼冷水，肯定会让别人心里不舒服，久而久之，就很少有人愿意跟他沟通。相反，当一个人能够认识到自己跟他人的距离，谦逊而有礼貌地去学习，去努力拉近自己跟他人的距离的时候，在成长的道路上，他不仅能获得很多良师益友，还能收获更上一层楼的能力和水平！

乐观积极，不要陷入抑郁的旋涡

抑郁症，这个21世纪最大的精神杀手频繁地出现在大众

第9章
拥有好性格才有好命运，爱笑的女孩运气总不会差

的视野之中。还记得那年乔任梁自杀的新闻刚曝光时，人们都在深深地怀疑这个消息的真实性，这个一向都温暖乐观的大男孩，怎么会用自杀这个方式来结束自己的生命呢？但是，不久之后乔任梁的父亲还有经纪人的澄清让所有人都心生惋惜，大家这才知道：原来这个乐观的男孩在镜头前展现的并不是真实的自己，他已经患有抑郁症多年。传奇巨星张国荣先生在2003年4月1日这一天从香港的一家酒店一跃而下，结束了自己年轻的生命。在这些令人悲痛的消息背后，都是抑郁症作祟的结果。所以，亲爱的女孩，生活已经如此艰难了，请一定要注意自己的精神状态，给自己的心灵适当放假，从而让自己更坦然地面对未来的苦难。

小婉在读高中的时候生过一场大病，大病之后，她在学业上就一直处于落后的状态，所以她也很着急，但是即使她再怎么努力学习，成绩也一直处在不上不下的水平。高考的时候，小婉依旧没有发挥好，分数线只到了三本线。在那个时候，三本虽然也算得上本科，但是学费极其昂贵，对于小婉这样的家庭来说也很是吃力。所以，小婉的父母都在劝说她复读一年，凭借她的努力，来年肯定会考上一个更好的大学。

小婉的内心是拒绝的，整个高三，她受到了太多的打击。每次考试的成绩出来，排名都是在一路下滑，最差的一次，她考到了班级的最后十名内。那一次，小婉一个人躲在被子里哭到半夜。所以她不想再经历这种心理上的折磨，但是拗不过父母的决定，也肩负着父母的期望，她还是去了复读学校。

开学之后，小婉的心情越来越差，在越来越重的课业压力之下，她变得越来越沉默，每天上课的时候都心不在焉，时时刻刻都处在自闭的状态，不愿意跟人讲话，只是默默地掉眼泪，不断地跟妈妈打电话。但是父母不是很理解小婉现在的状态，他们觉得作为一个学生每天去上课，按时吃饭，按时睡觉，这样的日子还有什么烦恼！而小婉每当课间时站在楼梯间往楼下望去，总有一种想要一跃而下的冲动。面对越来越频繁的电话，小婉的父母开始觉察到有点儿不对劲，便带小婉去医院检查，果然不出所料，小婉患上了抑郁症。

不放心的父母开始去给小婉陪读，小婉也听从了医生的嘱咐，按时吃药配合治疗，渐渐地，她走出了这个心理阴影，人也恢复了原来的开朗。在学习效率提高的情况下，她的学习成绩也有显著的提高，在第二年的高考中，小婉顺利地考取了自己理想中的学校。

亲爱的女孩，在学业和生活的巨大压力之下，你一定要调节好自己的心情，一定不要让自己跳进抑郁的旋涡之中。当然，如果你确实有抑郁的症状，千万不要害怕，也不要排斥自己，积极地配合医生的治疗，你一定能够走出来，变回原来那个阳光的自己。

这个世界上，不是每一个人都会有伟大成就，你若真的做不到，就要坦然接受自己的平庸，并不是所有人都是成功的

第 9 章
拥有好性格才有好命运，爱笑的女孩运气总不会差

人，只要你能接受自己的不足，便不会让自己陷入更加艰难的欲望之中，想要的变少了，生活的压力就会相应地变小。亲爱的女孩，你一定要时刻注意自己的情绪和心理状态，阳光的你才是最健康的你。

活泼的女孩更招人喜欢

有些人总是时时刻刻在大家的面前愉快地跟任何人交流，浑身上下都散发着光芒，不管在什么样的聚会中，都能找到自己的节奏，成为人群中最耀眼的那一个；而有的人，他们总是默默地不讲话，平时就是一副独来独往的样子，不喜欢跟人交谈，能不参加集体活动就不参加，即便偶尔参加了，在人多的社交场合也总是很容易紧张，躲在角落里看着其他人谈笑风生。他们虽然也想融入其中，却又不知道该说什么。

电影《绿皮书》里的黑人钢琴家谢利博士一直都是一个孤僻的人，除了他的私人管家和他音乐上的伙伴，他从不愿意跟其他人有过多的交流。因为他的肤色，他受尽了白人的异样眼光和不公平对待；但是由于他自身的音乐才华，他成为那些白人眼中的天才钢琴家，从此走入了上流社会，西装革履的他又找不到自己跟黑人伙伴的共鸣。因此，在他的内心深处，他是极其孤独的，他不知道到底谁才是自己的同类，不管在哪个群

体，他都找不到存在感。

尽管他是人人敬仰的音乐家，但是白人依旧无法用相同的礼仪来对待他。电影里有一句让人印象特别深刻的台词：世界上孤独的人都害怕迈出第一步。当谢利博士勇敢地迈出第一步的时候，当他在那个黑人餐吧里尽情地投入到音乐中的时候，全场响起了热烈的掌声，他赢得了大家的喜爱。在圣诞节回到纽约之后，他拒绝了白人朋友的邀约，因为他还是害怕朋友家人异样的眼光。但是当他鼓起勇气敲开朋友家的房门时，门后面一致是善意的目光。

亲爱的女孩，孤独是这个快节奏社会的通病，你需要主动去找朋友的温暖。因为你不主动，没人知道你是否需要别人的陪伴。爱是相互的，当你主动付出了之后，别人也会给你相同的温暖。人是群居动物，如果你觉得自己很孤单，那就用自己的行动去找寻自己的群体，互相温暖才能在这个世界里更好地相伴。

王灿灿总是有些自卑，每次在她的好朋友面前都是那个默默无闻的人，朋友不多的她也很少有能说心里话的对象。有一次，班里很多人一起去吃饭，小影知道王灿灿是一个心思比较细腻、不太喜欢跟别人交流的人，看到她一直自己一个人走在后面，便主动和她为伴，主动说："其实人与人之间的感情都是相互的，如果你也想有人陪伴，就主动跟别人讲你想和他们一起吃饭，一起散步，一味地等待别人来给你温暖是不能有更

第9章
拥有好性格才有好命运，爱笑的女孩运气总不会差

深的交流的。如果你想跟我一起的话，随时都可以找我，我们大家都很欢迎你。"

亲爱的女孩，不要让自己一直沉浸在沉闷又孤僻的世界里，多跟朋友说说话，只要你掌握了跟朋友的相处技巧，你就能够处理更加复杂的人际关系，这对于未来的你，不管在哪方面都是有所帮助的，希望你一直都是一个快乐开朗的姑娘。

摆脱焦虑，找到自己的舒适空间

陈明从小到大都是一个乖巧的孩子，不管是生活中还是在学习上，都是家长口中的"别人家的孩子"。在家里，她勤快地帮父母收拾家务，平时父母工作繁忙，她也能够主动帮父母把一日三餐全部做好了放在家里。她在学习上更是刻苦努力，虽然学习成绩不是特别突出，但是在班级里也一直处于中等偏上，是一个特别让父母放心的乖孩子。

但是，陈明太容易焦虑了，所以即便她怎么努力，各个知识点都学习得很透彻，考试之前还是太过紧张，考试前的那个晚上她总是睡不着觉；进考场之前的那一段时间，她也总是在洗手间里待着，并且抱着复习资料一直在看着；考试时，明明自己已经熟练掌握了各种知识点，在那种焦虑的情况下，有些大的难题她就是没有解题思路。在课堂上，每次老师点到她起

立当着全班同学的面背课文，她总是磕磕绊绊的，到最后总是背不下来，但是明明她自己背给自己听的时候是那么的流畅。

在公众面前展示自己是在这个社会上生存下去必须要掌握的技能。语文老师想增强大家在这方面的应对能力，便安排在每一堂语文课开始之前由一位同学上台演讲，演讲的内容由自己随心而定。陈明从老师开始发布这项任务的时候就开始准备，轮到她的时候已经是半个月以后了。但是走上讲台之后，陈明依旧紧张得一句话也说不上来，最终，语文老师说："你拿着稿子来吧。"就这样，陈明仓促地结束了自己人生的第一次演讲。

课下，语文老师认真地找陈明谈了一下："陈明，我知道你是一个聪明的孩子，但是在公共场合特别容易焦虑，导致自己的实力完全展现不出来，这不是一件好事。你想啊，以后你要读大学，想进入学生会或者某个社团，都需要展示自己的才能。再比如，你要参加工作，需要去面试，也需要把你所会的东西展示给面试官，这样别人才能相信你有这个实力，能够胜任这项工作。但是你也不要着急，这件事情需要慢慢来，你回去好好想一想，有什么需要帮助的地方随时都可以再来找我。"

陈明开始找自己焦虑的真正原因。她发现考试的时候总会有稍微有点难度的题目她解不出来，其实还是自己不够真正熟练，因为平时只做一些简单的题目，那些难题都没有静下心来

第 9 章
拥有好性格才有好命运，爱笑的女孩运气总不会差

去做。经常性考试成绩不突出也让她陷入了考前焦虑，针对这一点，后来每次考试她都放平心态，考试之前不看书，去做一些运动缓解一下自己的情绪。另外，她还不能够在公众面前自如地表达，一旦人多了起来，她的脑袋就会一片空白。所以她先在父母面前多讲话，再进一步演讲背诵自己的课文和写的文章。渐渐地，她开始在亲朋好友面前练习。最后，她在班级里也能够很顺畅的演讲了。陈明整个人也变得开朗起来，越来越自信了。

亲爱的女孩，你不应该陷入自己营造的焦虑堡垒之中，若你主动把自己捆绑起来，你就会越来越不自信。要走出焦虑，需要你主动打开那一扇囚禁自己的铁门，当你主动找方法改变自己时，就一定能够让自己更加自信满满地应对未来发生的每一个意外。

第 10 章

能够保护好自己，永远是最棒的女孩最需要学会的事

从一出生开始，人就面对着各种各样的危险，而从小到大，我们也在不断地接受安全教育，但是，坏人层出不穷的手段总是能让人在不经意之间失去警惕性和心理防线。相比男性来说，女性作为这个世界的弱势群体，受到的伤害总是更多一点，所以更加应该学会保护自己。

只要有人的地方就一定会有竞争，在这个时时刻刻充满诱惑和凶险的世界里，不管是面对比较亲近的人还是不相关的陌生人，都要保持警惕，自尊自爱，这是女孩子需要毕生修习的功课。

拥有防患于未然的安全意识

自古以来，女性一直是这个社会的弱势群体，相对于男性拥有较为强健的身体素质，女性天生就缺少了与之抗衡的实力，因此，在古代，男尊女卑的社会现象异常的明显。在现代这个社会里，虽然女性的社会地位已经有了大幅度的提高，女性作为社会发展的中坚力量，也受到越来越多人的重视，但由于女性天生的劣势，她们受到伤害甚至惨遭杀害的新闻仍层出不穷地出现在各大新闻媒体的报道中。

亲爱的女孩，你必须练就火眼金睛来拆穿无数的谎言，甚至要随时保持警惕来保证自己的人身安全。与陌生人相处时必须慎重再慎重，只要稍有觉察有不妥之处，就要立即有所防范，如果已经不便拿出手机向人求助，那么你一定要冷静下来，寻机向身边的人求助。

现实生活中存在很多危险事物，除了来自陌生人的伤害，你身边的朋友也有可能是真实存在的危害，知人知面不知心，谁也不清楚一张姣好的面容下面是一副什么样的心肠。所以，若你对一个人没有足够的了解，请你一定要对他保持警惕，也许他就是你人生道路上的一场劫难。

亲爱的女孩，夜晚的时候一定不要一个人出门，更不要相

第 10 章
能够保护好自己，永远是最棒的女孩最需要学会的事

信夜幕中陌生人的善意，也许他就是一只披着羊皮的狼，不怕一万就怕万一。就算有事情必须出门，也一定要找朋友陪同，或者随身携带能够保护自己的武器，遇到紧急情况一定不要慌张，只有清醒的头脑才能帮助自己逃脱困境。当遇到匪徒想要劫财的时候，一定要把身上所有的财物统统交给他，钱财都是身外之物，生命才是最宝贵的，稳住歹徒的情绪，记住他的容貌再伺机找机会逃走，最后再报警处理，这样能够在危急的时刻救自己一命。

小玲刚大学毕业，自己一个人住在租住的房屋里，平时小玲出行时都会随身携带一个可以报警的警报器。另外，小玲住在顶楼，每次坐电梯的时候，只要有其他男性，她都会在别人按过楼层之后把自己的楼层定位在比他高的任意楼层，等他人出了电梯之后她再改成自己居住的楼层。窗台上，她总会晒上一件男士衣衫，从而给人自己不是一个人居住的信号，这样歹徒也不敢轻举妄动。

一个女孩独自居住在外，确实需要有极强的自我保护意识，关键时刻，也许谁都救不了你，你必须靠自己。亲爱的女孩，你必须防患于未然，为了父母，为了身边的亲朋好友，更是为了你自己。

不要让"早恋"耽误了你的前程

什么是早恋？所谓早恋，就是过早地谈恋爱。正在读中学的孩子之间的恋爱就属于早恋。青春期的少男少女之间萌生一些情愫是一件特别美好的事情，但是，对于一个还未成熟的未成年人来说，谈恋爱会带给他们太多的危害，他们还没有能力去承担"恋爱"这两个字的重量，他们的时间应该尽情挥洒在求知的激情之中。

高二对于一个学生来说是一个非常关键的时期，它决定着他在高三能否有足够的力量去面对高考这一人生分叉点。方启一直是老师眼中的优秀学生，从小在父母的严格要求下，养成了很多终身受益的好习惯。他的学习成绩在班里也一直名列前茅，每次都能非常稳定地取得班级前三名的好成绩，他也一直是老师们的重点培养对象。然而，他平静而又充实的学习生活在高二的开端被打破了。

高二开学的第一天，班里迎来了一个新的转校生，她的名字叫路曼，走上讲台的她，长发飘飘，一袭长裙显得落落大方，虽然长相并不是惊为天人，但是，她那安静的书卷气息，吸引着方启的目光，让他久久挪不开眼。从那以后，每当和路曼同处在一个空间里，方启就面红耳赤，小鹿乱撞。渐渐地，方启明白了自己对路曼的情感，在一个周五的傍晚，方启找到路曼，表明了自己的心迹，而优秀的方启也一直吸引着路曼的

第10章
能够保护好自己，永远是最棒的女孩最需要学会的事

目光，就这样，他们走到了一起。

甜蜜的恋爱生活总容易冲昏人们的头脑，现在的方启满脑子都是路曼，想象着和她一起去什么地方吃饭，到哪里去玩，心思再也不在学习上。毫无意外地，方启的学习成绩一落千丈，在一次考试中，他从班级的前三名一路落到中等水平，这也引起了老师和家长的高度重视。公布成绩之后，班主任找到方启，对他说："方启，老师并不是反对学生时代的爱情，我们都是从那个令人向往的青春时代走过来的，只是你们现在这个年纪还没有足有够的能力去承担责任，爱情并不是一时的激情和浪漫，它需要两个人共同努力去成为更优秀的自己，创造更加美好的未来。"

方启对自己目前的学习状态也很不满意，于是他找准自己的原因，并跟路曼商量，两个人目前都先把精力放到学习上，共同努力考进同一所大学，在梦想的象牙塔中展开自己全新的生活，路曼也同意了方启这一决定。由于方启本身底子就不差，基础比较牢固，全身心投入学习状态的他，渐渐地赶上了学习进度，成绩又恢复到了原来的水平。

亲爱的女孩，不管是出于何等强烈的情感需求，这个时候都应该克制自己，学生时代最重要的任务就是学习。爱得越深，责任越重，你应该为自己负责，也为对方负责，在成为更好的自己这条道路上不断地努力。希望你能成为更好的自己，也成为你喜欢的人眼中更优秀的人。

掌握好自己的交友原则

孔子有云："益者三友，损者三友。"有益的朋友有三种，有害的朋友有三种。与正直的人交朋友，与诚信的人交朋友，与知识广博的人交朋友，是有益的。与谄媚逢迎的人交朋友，与表面奉承而背后诽谤人的人交朋友，与善于花言巧语的人交朋友，是有害的。这个世界上并不完全都是善良的人，而那些心怀不轨的人脸上也不会写着大大的"恶"字，他们都是善于伪装的人，所以，在交朋友这方面，不管是谁，都要擦亮自己的眼睛。

"害人之心不可有，防人之心不可无。"这是最基本的交友规则，不管在什么情况下，都不能为了自己的利益而伤害他人；不论多么亲密的人，都不可以失去防范之心。亲爱的女孩，刚开始面对一个新朋友时，你需要敞开心胸，真诚地对待他人，交心才能拉近彼此之间的距离，但是，切记不要有经济利益上的往来，所有的关系只要跟金钱扯上关系都会变质。时间久了，就能看得出来什么样的人才是跟你志趣相投，能够在你成长的道路上给你指明方向、给你更多的关怀和依靠的人。

孙强从小就生活在一个家境富裕的家庭中，父母的工作很忙碌，每天都早出晚归，小时候家里就只有孙强和请的一个阿姨。在物质上，父母从来没有亏待过他，对他有求必应，在零花钱上从来没有设限，他想要的东西，只要是钱能解决的，都

第10章
能够保护好自己，永远是最棒的女孩最需要学会的事

会买给他。但是小孙强最缺少的其实是父母的陪伴，因此，他开始用一些极端的方式来引起父母的注意。上学的时候，他不好好读书，还经常欺负班里的同学，打碎教室的玻璃。开始的时候，父母认为是小男孩比较调皮，但是，随着年龄的增长，孙强越来越过分了。

初三的时候，他认识了一群社会上的朋友，那些人都是高中没读完就辍学在家，没有正经工作，整日里四处游荡。从此以后，孙强仗着外面有人，便开始在学校里拉帮结派，只要有人稍微做得不合他的心意，他就会找到他的兄弟给那人一点教训。在一次学校集体打架事件中，孙强用一把小小的军用刀具刺伤了一位同学，该同学当场就倒在了血泊中，被紧急送到了医院，在重症监护室观察一周之后才转入普通病房，而孙强也在派出所经历了一周的黑暗时光。

经过这一次的教训，孙强真的慌了，被学校开除之后，他渐渐地跟之前的朋友断了联系，他开始反思自己以前的人生——血腥暴力，每一天都很热血，却没有激情。他开始明白自己在这个社会上要生存百年的意义。换了学校的他开始认真读书，每天跟那些积极有礼貌的同学一起吃饭、看书、打篮球，生活渐渐走上了正轨。

俗话说："近朱者赤，近墨者黑。"你身边的朋友会影响你的处世风格和人生规划。跟积极向上的人在一起，你也会被他们每天高涨的激情所感染，自己也每天都充满力量；而跟整

175

天只会抱怨的人在一起，你除了要对抗这种消极的怨气，还要不断地给他灌输要笑着对待每一天的力量，这样会让自己特别累。

亲爱的女孩，生活这么美好，拥有志趣相投的好友是一件令人艳羡的事情。所以，用心去交朋友吧，只有拿出真心去经营，才能收获一生的好友。

与男性朋友保持合适的相处距离

青春期的女孩处于一个正在改变的时期。在此之前，她们生活在父母的庇佑之下，被父母的爱从四面八方密不透风地包裹着，她们有时也会感到喘不过气来，特别想冲破这堵墙，呼吸更加自由的新鲜空气，因此，这个时期的女孩都特别想逃脱父母的束缚，她们开始进入叛逆期。而在这个时候，她们会更加依赖她们的朋友，不管是男性还是女性，所以，把握不好与异性距离的女孩很容易受到伤害。

在小朋友的眼里，男生和女生的性别差异并不是很明显。所以他们可以牵着手一起玩耍、一起吃饭、一起学习。但是，随着年龄的增长，性别差异会越来越明显，不管是声音还是身体上，都有着非常明显的不同，所以，不管是关系多么要好的朋友，彼此之间都应该保持合适的距离。

王雪家附近没有跟她同年龄段的女孩子，所以住在她家楼

第10章
能够保护好自己，永远是最棒的女孩最需要学会的事

上的程超就成了她从小到大唯一的玩伴，因此，他们俩也成了别人眼中的青梅竹马。两家父母的关系也很好，所以小的时候他们两个都是一起玩耍，早晨的时候互相等待着一起去学校，放学之后一起约定着在谁家做作业，有什么不懂的地方还可以相互讨论。

在高中的一个暑假，正值世界杯的狂欢时刻，精力旺盛的男孩子们每天都生活在欢呼和失望之中，为自己喜欢的球队加油打气，空气中都散发着荷尔蒙的味道。有一天傍晚，程超和一群好朋友相约通宵看比赛。下楼的时候，他碰到王雪，于是便说："如果你没有什么事情的话，那我们就一起去吧。"王雪心想：反正暑假也没有什么特别重要的事情，都是程超的朋友，那就一起去看球赛吧，还能顺便多认识几个朋友。

他们来到了程超同学的家里，此时，桌子上已经摆满了零食和啤酒，为晚上的比赛做好充分的准备。看完比赛之后，已经凌晨2点了。他们喜欢的球队赢得了最终的胜利，开心之余，男孩子们便多喝了几杯，而王雪也跟着喝得有点晕晕乎乎的。迷迷糊糊之中，王雪感到有人在脱她的衣服，挣扎未果的她放弃了反抗，悲剧就这样发生了，等到大家都清醒的时候，一切已经来不及了！

从那以后，王雪渐渐地失去了之前的笑容，变成了一个郁郁寡欢的女孩，尽管罪魁祸首已经受到了法律的制裁，王雪依旧走不出那个阴影，整天把自己关在黑乎乎的房间里，不愿意

原谅自己当时的行为。如果她不去看比赛，或是如果她没有让自己喝醉，而是及时回家，那么一切可能就不会发生。

　　亲爱的女孩，悲剧就发生在一眨眼之间，请一定保持跟异性好友之间的距离，即使关系再好，你也要知道什么该做、什么不该做。不要出入酒吧和夜店这种鱼龙混杂的场所，因为这些地方发生危险的可能性会更大。如果晚上有男性好友喊你出门，实在拒绝不了的话，一定要找人同行，千万要保持清醒，时刻让自己的安全处于可掌控的范围之中。

　　每个女孩都是父母手中的掌上明珠，为了自己，也为了父母对我们的爱惜，请千万保护自己的安全。未来还有很长的路，希望你一直是那个心之所向的阳光女孩！

自尊自爱是一个女孩最好的品质

　　中国一直都是一个传统的国家，即使现在是一个开放的社会，中国人骨子里的礼仪传统也依旧很深刻。所以，亲爱的女孩，你一定要懂得矜持，言谈举止过于放纵的女孩很容易成为别人攻击的对象，即便你的学习成绩多么优秀，长相有多么温婉可人，都不能让别人重新正视你的形象。当然，对于男生来讲，如果你一直没有性别界限，跟男生没有保持距离，那么，你就会成为他们心中那个可以不用尊重的人。

第 10 章
能够保护好自己，永远是最棒的女孩最需要学会的事

  张莹莹在小的时候就失去了双亲，爷爷奶奶的年纪也已经很大了，所以从小到大张莹莹都是自己管自己，也没有人能够给她什么好的忠告。到了花枝招展的年纪，张莹莹因为自己容貌上的优势，吸引了很多的异性好友，一到下课的时候，她便跟一些男性朋友谈笑风生，说到高兴的地方还特别没有分寸地拍打着男性朋友的脸；走在路上的时候，她也像一个男孩子一样跟他们勾肩搭背，丝毫没有一点女生的样子。在女生的眼里，她是一个没有分寸的人；在男生的眼里，她是一个轻浮、一点都不自尊自爱的人。

  有一段时间，张莹莹每天出门都战战兢兢的，书包里随时都带着一把防身的刀具以备不时之需。原来，她恋爱了，但是她的男朋友并不是一个举止文明的谦谦君子。一次，张莹莹的男朋友带着她一起去了一家酒吧，那里形形色色的人都在舞台的中央群魔乱舞。这个时候，张莹莹的男朋友和其他的朋友趁着人多杂乱，便开始对张莹莹动手动脚。张莹莹渐渐地感觉到了不对劲，便趁机逃了出去，慌慌张张地回到了家中。

  第二天，刚见到男朋友，张莹莹就被数落了一通，没有得逞的他还跟张莹莹说，下次一定还要再带她去酒吧，带她体验更有趣的事情。但是张莹莹哪里敢再去一趟，从那以后，她便开始逃避他。因此，她整日里都畏畏缩缩，但是，这些苦又不知道该如何跟身边的人说，因为，在他们心目中，张莹莹就是这样一个姑娘。

  亲爱的女孩，你一定要注意自己平时的言行举止，跟异性

相处时，一定要保持合适的距离，张莹莹就是没有把握好跟男性朋友相处的尺度，才把自己推入这样一个难以启齿的困境之中。所以，为了自己的形象和安危，你需要注意以下几点：

首先，跟男性友人说话的时候一定要注意分寸，不要肆无忌惮地大吵大闹，一定要表明自己的态度，不要给别人留下任何暧昧的空间，否则很容易让那些青春期的敏感的男孩子产生误会。

其次，跟男性朋友相处的时候一定要注意距离，不要做出过于亲密的举动，即使关系再亲近的人，也要注意不要有过于亲密的肢体接触，走路的时候不能勾肩搭背，讲话的时候不能对他们动手动脚。

最后，一定要注意自己的仪容仪表，在衣物的选择上一定要注意不要过分地裸露，也要注意不能穿过于轻薄的衣服，否则很容易让冲动的男孩子们做出一些出格的事情。

亲爱的女孩，只有自己爱惜自己的身体和名声，你才能赢得别人的尊重，自尊自爱是一个女孩子的底线，当有人对你有过于轻佻的行为时，请一定要保护好自己，关键时刻，也可以拿起法律武器保证自己的安全。

你要警惕网络这个虚幻世界

21世纪是一个信息时代，网络的发展越来越迅速，已渐

第10章
能够保护好自己，永远是最棒的女孩最需要学会的事

渐地成为每个人生活的必需品。但是网络并不是一个完全有利的东西，你不知道屏幕的另一端跟你交流的人到底是个什么样的人。他看不见摸不着，也许他展现给你的所有信息都是虚假的。所以，要合理使用网络，并且及时辨别事物的好坏，在任何情况下都要保护好自己。

都说男性是视觉动物，女性是听觉动物，意思就是男性在选取自己的另一半的时候通常比较重视女性的外貌，而女性则更容易沉醉在男性的甜言蜜语之中。所以，常常有人说陷入恋爱中的女孩子都没有智商，她们只是被自己所相信的人蒙住了眼睛。当然，她们还是拥有辨别是非的能力的，但是，在那种糖衣炮弹的攻势下，她们更愿意选择相信。

文兵已经三十出头了，在父母的帮助下找到了一份稳定的工作，但是迟迟没有结婚，文兵对此也很着急，他也想早日成家，完成父母的夙愿。因此，闲暇的时间，文兵都在虚拟的世界里游荡着。

有一天，文兵在一个交友网站上认识了一个新的好友，头像是一个美丽的姑娘。他们两个在你来我往之间变得熟悉起来。每到下班的时间，文兵就迫不及待地打开电脑，跟那个他心心念念了一整天的姑娘聊天，慢慢地，他们发展成了亲密关系。即使这是一场看不见的亲密关系，文兵依然体会到了爱情的甜蜜。每当工作上遇到不顺心的事情，姑娘都会安抚他的情绪，分散他的注意力，逗他开心，还会描绘出未来美好的生

活场景。文兵越陷越深了，提出交换照片，并在实际生活中见上一面的请求，但是，被姑娘给拒绝了。在文兵的再三请求之下，两人交换了照片，虽然不是特别漂亮，但是也是一个看着顺眼的安静姑娘，这让文兵的心里兴奋了好久。

有一天，姑娘的情绪很是低落，文兵询问了半天才知道，她的父亲生病了，需要十万块钱的医疗费，但是她一时之间拿不出这笔钱。文兵二话没说便把自己积攒多年的积蓄转给了姑娘，毕竟治病救人要紧。姑娘特别感谢文兵，还提出了见面的请求，这让文兵更加兴奋。但是，第二天，这个姑娘就从文兵的世界里消失了。文兵的消息都发不出去，这才发现对方删除了好友，而此时的文兵才发现自己出了这个交友网站对这个女孩竟然一无所知，一时间不知所措。过了好几天，他才反应过来自己遇到了网络诈骗，最终报警处理。

亲爱的女孩，网络上有太多的不真实的东西，你不能完全辨认出对方的真实目的，因此，要尽量远离这些摸不清底细的人，若等到真正上当受骗就来不及了。

就像小孩子需要防止被骗一样，亲爱的女孩，一定要保持清醒的头脑，别让别人用一颗糖就轻松把你骗走。网络上虚假的东西太多，在这个更加复杂的虚拟世界，你根本没有能力，也无法辨认出事情的真假，更觉察不出对方的好坏。所以，亲爱的女孩，请不要相信网络上的情感，一旦涉及金钱方面的问题，就一定要提高警惕，因为，在屏幕的另一端，很可能是一个心怀叵测的人。

第 10 章
能够保护好自己，永远是最棒的女孩最需要学会的事

不去不该去的地方，不碰不该碰的东西

曾经在网络上看到一篇文章在讨论：在娱乐场所工作的女孩能不能在那种场合独善其身。答案虽然不是否定的，但是能保证自己安全的女孩也是极为少数的吧。如果一个人长期在那种环境下熏陶着，慢慢地就会放纵自我。很多人一开始是不愿意的，但是，只要有了第一次，在金钱利益的驱使之下，便很难脱身。

虽然说酒吧和夜店是成年人放松自己的工作压力的一个场所，但是，在音乐和酒精的作用下，人会渐渐地失去理智，在那种大环境下，一个女孩的人身安全很难保证。更何况还会有人在这个鱼龙混杂的娱乐场所从事一些违反的事情，如贩卖、吸食毒品。毒品是一种很容易让人成瘾的东西，只要产生了依赖性，想戒掉它就是一个极其漫长且痛苦的过程。有的人为了自己的利益，通常会让一些年轻人在不知不觉中吸食毒品，等到他们产生依赖性之后，再卖给他们，从中获取巨大的利益。所以，亲爱的女孩，千万不要出入那些娱乐场所，也不要轻易去碰烟酒甚至毒品这些危险且对身体有害的东西。

房祖名是一个星二代，父亲成龙是享誉国际的功夫巨星，母亲林凤娇也是一位著名女演员。在这样一个星光熠熠的家庭里长大，房祖名从小就备受关注，他在21岁的时候，便出演了自己的首部电影，并且凭借这部电影获得了香港电影金像奖的

最佳新演员的提名。在2011年,房祖名还获得了第十六届全球华语榜中榜暨亚洲影响力大典最受欢迎电影演员奖。他还出了自己的同名专辑《房祖名》。凭借着自己优秀的资源和实力,他成为了一位著名的演员和歌手。然而,他染上了毒瘾,这也成为他一生最大的污点。

在2014年的8月份,房祖名因涉嫌吸毒在北京被抓获,与房祖名一起的还有著名台湾男演员柯震东,警方在他们的住处搜到了100多克大麻,而他们两人也对自己吸毒的历史供认不讳。在2015年的1月份,人民法院依法判处房祖名有期徒刑6个月并处罚金2000元。这段黑历史,也彻底地葬送了他在演艺圈蒸蒸日上的事业。

在整个案件的审理当中,警方得知房祖名已经有8年的吸毒史,第一次吸毒地点在荷兰。这样长的吸毒历史,足以让一般的家庭倾家荡产,而且对身体有极大的损害,时间长的话,足以摧毁一条鲜活的生命。

亲爱的女孩,远离那些不良习惯,才不会让自己跌入人生的黑暗。做一个健康快乐的女孩,不要让自己养成那些不良嗜好,不要去那些不安全的娱乐场所。不要抽烟喝酒,否则会损害自己的个人形象,更不要碰那些会让人不能自已的毒品。只要做到洁身自好,人生即使平平淡淡也终究会是平凡且快乐的。

第 10 章
能够保护好自己，永远是最棒的女孩最需要学会的事

警惕生活中的性骚扰、性侵害

亲爱的女孩，你了解自己的身体吗？你知道自己的身体跟男生有什么区别吗？我想大部分的女孩都是知道的，但是，大部分的女孩又并不是特别的了解，生理课上，老师含糊其词的教学显然不能让所有人都有很清楚的认识，但是，大家起哄的语气又让人特别好奇。亲爱的女孩，只有充分了解自己的身体，才能更爱惜自己的身体和健康。

男生和女生在青春期的时候就会互相迷恋，他们刚开始接触到两性的差异，被朦胧的爱情面纱遮住了双眼，他们无数次地想揭开遮在眼前的这层纱，越是有人阻挠，欲望就越强烈。青春期的孩子还有不同于别的年龄的冲动，他们不听大人的劝告，甚至走进那一片他们以为的禁地。所以，提前做好性教育，对于家长来说是一件极其必要的事情，而对于青春期的女孩来说，认识到自己的身体跟男性的不同，了解什么样的行为是性骚扰和性侵害，也至关重要。

方燕出生在一个家境贫寒的家庭，不管是在家庭教育还是在学习态度的培养上，都只能靠方燕自己去摸索。到了小学高年级，生理教育课上，老师模糊的解释，并没有让方燕有很深刻的理解。在方燕第一次生理周期的时候，鲜血流在衣服上，裤子一大片鲜红，着实把她吓了一大跳。温柔漂亮的班主任见状，赶紧拉着吓坏了的她去洗手间，拿出备用衣服给她换上，

还去买了卫生棉并教她如何使用，才让她慢慢地不再惊慌。

读初中的时候，方燕有一次坐公交车去学校，正值早高峰，她在人挤人的车上左摇右晃。在这个时候，方燕总觉得有人在摸她的屁股，但是，车上这么拥挤，她也并没有放在心上。不过，她总觉得有人一直在挤她，她往一边靠了靠，还是觉得有人在挤她。

终于到了下车的那一站，下车之后，方燕长舒了一口气便继续往前走，她没有注意到身后的危险——一个身着黑色衣物的人就跟在她的后面。第二天，拥挤的公交车上依旧有人在对她动手动脚，第三天也依旧如此。那个人的胆子渐渐地大了起来，有一天，在下了公交车的一个小巷子里他把方燕拦住，以方燕奶奶生病为由把方燕带到了一个人烟稀少的地方。最终，惨剧无可避免地发生了。

亲爱的女孩，一个人在外面时一定要注意自己的安全，也一定要认识到性骚扰的起初信号，搞清楚自己该如何保护自己。假如方燕一开始就能意识到公交车上的歹徒对她施行了性骚扰，并及时提高警惕，那么也许她就能避免这样一场劫难。

身体是自己的，尤其是私密的位置，一定不能让别人碰到；假如有人污言秽语地跟你讲话，你一样可以用语言性骚扰来警告他；若是已经直接动手，一定要及时嗅到危险的讯号，在人多的时候做好反击，在人少的时候一定要随机应变，确保自己的安全。亲爱的女孩，这是一辈子的大事，请一定要放在

第10章
能够保护好自己，永远是最棒的女孩最需要学会的事

心上，保护好自己。

与朋友相处也要留有私人空间

生活中，有很多人因为自己的性格问题往往很难和别人相处得很好，他们总是很沉闷，所以在与人沟通的时候总是会给别人一种疏离的感觉。但是，也有很多人就是因为跟朋友相处的时候一点距离感都没有，所以，时间长了之后，很容易让人产生极度的不适，因为每一个人都有自己的一片小小的秘密天地，都有不想分享给别人的事情，所以，一旦跨越了别人的安全界限，就会让人在心中产生嫌隙，彼此之间就会产生距离。

何梦是一个性格开朗的姑娘，从小在一个小康家庭中长大的她从来没有为生活发愁过，父母也总是教育她有好的东西就要跟别人分享，所以她从来不缺朋友。但是，随着年龄的慢慢增长，女孩子越来越注重自己的隐私，她这样一个对距离没有概念的人，也让朋友们渐渐地难以接受。

大学的时候，同寝室的玲玲跟她聊得特别投缘，因此两个人渐渐变得形影不离，每天一起吃饭、一起上课、一起去操场跑步、一起出门逛街。时间长了，玲玲发现何梦不给别人留下一点点的空间。每次玲玲买回来的洗衣液之类的生活用品，还没有用几次，便发现已经所剩不多了，并且，每次看电脑的时

候，何梦经常出现在自己的背后，等到她发现的时候，一转头便看见她在盯着屏幕看，还一边问她："你在看什么？"以至于后来玲玲每次看电脑的时候总觉得背后有人在看着她，这让玲玲的心里特别的不舒服。

玲玲有记日记的习惯，每天用日记记录自己的生活对她来说是一件特别浪漫的事情。她最近心情不太好，学习状态也不佳，于是日记里面记录了自己凌乱的心情，同时也借此发泄一下自己的情绪。有一天，在写日记时，她突然发现何梦站在她的身后，这一次玲玲觉得特别生气，便大声对何梦说："你为什么总是想知道别人在干什么呢？我知道你对我很好，我们也是很好的朋友，但是朋友之间也需要保持一点距离，每个人都需要有自己的空间，也有不想跟别人分享的事，你今天这样会让我觉得自己受到了侵犯。"

何梦当时脑袋就懵了，虽然玲玲跟她说过在她看电脑的时候不要在她后面站着，但是每次都是笑盈盈地讲，何梦一直以为她是在开玩笑。不过这次玲玲好像特别的生气，自己只是好奇她在做什么，没想到她的反应竟然这么大。因为这件事，玲玲便和何梦冷战了好几天。

周五下午上完课之后，玲玲找何梦去吃晚饭。吃饭时，玲玲说："梦梦，那天我的情绪有点激动，我向你道歉。但是，就算是最好的朋友，彼此之间也需要保持距离，每个人都有不想分享给别人的事情，可能是因为他的自卑，就是想隐藏掉自

第 10 章
能够保护好自己，永远是最棒的女孩最需要学会的事

己不想展示给别人的地方。所以，我只是想告诉你，我们还是朋友，但是你一定要调整朋友之间的相处模式，给自己也给别人留下私人空间。"从那以后，她们俩还是好朋友，而何梦也渐渐学会长大，学会更好地跟别人相处。

亲爱的女孩，没有人在别人面前是完全透明的，每个人都需要留有自己的私密空间，不要总是好奇别人的隐私，也不要肆意传播别人的隐私，这也是做人最基本的原则。只要做到这一点，相信你跟别人相处也都会很顺利。

第 11 章

为自己插上爱心的翅膀,女孩因善良而美丽而受益

善良大概是这个世界上最美好的一个词语,也是世界上最让人快乐的一件事。路过一个孤苦无依的乞讨者,当你把食物放到他的身旁时,那一刻你发着光;行动不便的老奶奶拄着拐杖过马路,即使绿灯已经亮了,依旧驻足目视的你也发着光;丢失的小朋友在路边哭泣,你轻声地安慰,并陪伴他找到自己的爸爸妈妈,那一刻你依旧发着光。

善良的你永远是这个世界的宝藏,也许你所做的这一切只是举手之劳,但是,对于别人而言,这是莫大的恩赐,也许,就是因为这份善良,你会遇到人生最重要的一次转机。

孝道是每个人美德培养的第一课

　　小时候，父母是所有孩子眼中的英雄，他们为孩子们遮风挡雨，可以变出孩子们梦寐以求的礼物，也是孩子们的第一任老师，孩子第一次学会爬、学会吃饭、学会讲话，每一件事都倾注了他们所有的心血。所以，作为中华民族的传统美德，孝道是每个女孩在品德教育上的第一堂课。

　　古语有云：百善孝为先。在所有的优良美德之中，孝敬父母是最重要的一件事，因为养育之恩高于一切，父母含辛茹苦地把你从嗷嗷待哺的婴儿养育成人。他们也是第一次为人父母，但是，为了自己的孩子依旧是天不怕地不怕，就算是自己吃不饱穿不暖，也不会让自己的孩子受到一点委屈。当你拿到成绩的那一刻，最开心的依旧是他们。

　　张玮玮是一个温暖的姑娘，从小到大都在父母的宠爱中长大的她有一颗善解人意的心。在大学期间，张玮玮突然有一天觉得自己长大了。那是在母亲节的那天，寝室四个姑娘分别给自己的母亲打去电话。大家都说了太多的内容，挂断了电话之后，她们开始讲述自己的成长故事。最终，大家都沉默了，开始觉得现在的自己不再是之前那个还可以在母亲的怀抱中一直撒娇的小姑娘，而是已经可以勇敢地担任起妈妈的小棉袄这一

第 11 章
为自己插上爱心的翅膀，女孩因善良而美丽而受益

角色的大人了，因为，在母亲渐渐变白的头发中，她们明显地感觉到了岁月的痕迹。

过年回到家，因为学生的假期时间比较长，妈妈还在上班，每天早上都要早起去上班，此时，张玮玮已经能够懂得不再赖床，甚至可以帮妈妈准备一份丰盛的早餐。张玮玮的妈妈是一家大型超市的营业员，有一次，张玮玮去超市看望妈妈，远远地看到妈妈在努力地往货架上摆放物品，吃力的样子异常地让人心疼，张玮玮更加意识到，这么多年父母都是这样辛苦地工作来维持家庭开销，让她拥有不输于其他任何人的生活条件成长到现在。张玮玮擦掉眼角的泪水，便走到母亲的身边帮助她。从那一刻开始，她便在心里下定决心：父母在，不远行，以后一定要像父母陪她长大一样陪伴他们慢慢变老，这也是一件幸福又浪漫的事情吧。

每一个孩子都是父母眼中的天使，在张玮玮意识到父母已经变老的那一刻，她的内心变得极其的柔软，心疼父母的她开始在心里暗下决心，要承担起照顾父母的责任。相信张玮玮也一定能变得像一个成年人，在未来的日子里让父母每天的生活都充满欢笑，这大概也是父母最期待的天伦之乐吧！

生活总是会不断地给你带来更多的磨难，在跌跌撞撞中，你也不断地再成长，长到你不再觉得自己还是一个孩子，长到你开始意识到养育父母的责任。亲爱的女孩，父母是我们这个世界上最亲近的人，在你渐渐长大的过程中，父母的头发开始

变白，他们挺拔的腰背开始渐渐地佝偻起来，为你操劳一生的他们需要你的关怀，也需要你对他们更有耐心，更有爱。

感恩的心让这个世界更加温暖

人的一生有太多的事情需要经历，每个人都在自己的道路上走走停停，看着周围的风景，望着来来往往的人群。拥有一颗感恩的心，会让这个本来冰冷的世界变得异常的温暖，亲爱的女孩，当你帮助别人的时候，别人会用自己的方式感谢你；为了回馈别人的帮助，你也需要在他人危难之时伸出援手。善良会让你对这个世界充满善意，而感恩会让你的世界更加温暖。

这个世界有形形色色的人，如果在人性中缺少了那么一些善意和感恩，那这个世界该是多么的冰冷，整个世界的生存秩序也会发生翻天覆地的变化！若一个人面对这个世界的冰冷，就会异常孤独，这个时候，一个善意的眼光就能激起他对生活的全部信心，而这种温暖是相互作用的，懂得感恩的他会把这个温暖传递给你或是他生命中的其他人。

罗斯福是美国历史上一位特别伟大的总统，也是唯一一位连任超过两届的总统。有一次，罗斯福的家中进了一个贼，许多东西都被偷走了。罗斯福的一个好朋友非常担心他，于是

第 11 章
为自己插上爱心的翅膀，女孩因善良而美丽而受益

便写信给他，以了解他的现状，并对失窃的事情表示安慰。罗斯福在给朋友的回信中写道："亲爱的朋友，谢谢你的关心，不过不用担心，我现在非常平安，并且我要感谢上帝。原因很简单：第一点：盗窃者只是偷了家中的财物，并没有危及我的生命。第二点：他只是偷走了家中部分的财物，并没有偷走全部。最后一点是最值得感恩的：做贼的是他而不是我。"

即使家中失窃，罗斯福也依然感恩人生给他的宽恕，亲爱的女孩，这是值得你毕生学习的人生境界。当然，除了感恩人生之外，你需要感恩的东西还有很多。

你要感恩自己的父母，是他们把你带到这个世界，让你能够有幸成为他们的子女，感受他们无微不至的关怀，并且包容你从小到大的所有小脾气，陪你度过人生中遇到的所有难关。感恩他们让你有机会感受这个世界所有美好的事物，体会这人世间所有的冷暖悲欢。

你要感谢自己的师长。师者，所以传道授业解惑也，生命中所有为你指点迷津的人都是你需要感谢的老师，是他们在你成长的道路上教你辨别是非、懂得善恶，在你不断前行之时帮你指明方向，帮你强化自己人生必需的所有技能。他们更是你失意之时最温暖有力的灯塔，指引你重新找到新的航向。

你要感谢你的朋友。本无血缘关系的你们能够在这个偌大的世界彼此相遇，并相互依靠，本就是一种美妙的缘分。你们相互打闹，但是，在最关键的时刻，他总是能够挺身而出保

护你的安危，你们知道彼此所有的小秘密，却没有任何后顾之忧，你们相互支撑走遍这世界的每个角落，并且相约走向更大的世界。

你还应该感谢自己的兄弟姐妹，感谢一直陪伴在你左右的爱人，感谢所有帮过你的人，感谢那些伤害过你的人，更重要的是，你要感谢一直努力、从来没想过放弃的自己。亲爱的女孩，这个世界这么美好，感恩的心能让你时时刻刻关注心底的爱，远离世间的恨，也会让你少些烦恼，活得更加轻松、更加温暖。

做一个诚实守信的人

联想集团作为国内一家极具创新能力的科技公司，发展到如今的地位，离不开它的创始人柳传志的辛苦经营。柳传志一直秉承着一句话，这句话也是他父亲给他的教诲，那就是："一个人有两样东西谁都拿不走：一个是知识，一个是信誉。我只要求你做一个正直的公民。不论你将来是贫是富，也不论你将来职位高低，只要你是一个正直的人，你就是我的好儿子。"柳传志把父亲的嘱托都运用到公司的经营之中，所以才有后来联想集团的做大做强，成为国内首屈一指的一线公司。

做人最基本的品格就是诚信。如果一家企业没有了诚信，

第11章
为自己插上爱心的翅膀，女孩因善良而美丽而受益

那它必然会失去它所有的客户，因为没有一个人愿意和一家信誉有问题的公司合作，这样做只会伤人不利己。反观那些能够做到传承几代的百年老店，它们都是依靠货品的真材实料、用它们的诚信一直坚持到现在，并且会继续传承下去。如果一个人没有了诚信，那么他这一生大抵也做不出什么大事业。试想一下，你愿意和一个整天谎话连篇、不管做错了什么事情都能找到借口的人来往吗？你约了一个朋友出去聊聊天，谈谈最近的感受，到了临近约定的时间，他却说他不来了，这样对等待的人太不公平，浪费了太多的时间成本，所以肯定也就不愿意有下一次的约会了。

只有诚信的人才能在这个社会中赢得所有人的尊重，才能让更多的人愿意与之结交；只有诚信的企业才能在企业林立的社会中经得住时间的考验，拥有长期合作的伙伴，共同寻求新的发展。

亲爱的女孩，你现在应该做的就是：诚实地对待你所遇到的每一个人，履行好自己许下的每一个诺言。如果你做不到，就不要轻易许下诺言，一旦许下诺言，你就给了对方一个希望，如果这个希望破灭了，那么也就是你的诚信在对方心中破灭了，所以你一定要不顾一切地去完成。

曾参是春秋时期的鲁国人，是孔子的弟子。有一次，曾参的妻子要去集市上买东西，但是他的儿子哭着闹着非要跟着去。市集杂乱，带着小孩子过去多有不便，但是曾参的妻子又

被儿子闹得没有办法，于是她便对儿子说："你听话，乖乖留在家里，等妈妈回到家之后就杀猪给你吃。"于是曾参的儿子便安静了下来，回家去了。

等到曾参的妻子回到家中时，看到曾参已经把猪捆好了，旁边还有一把已经磨得异常锋利的大刀，正准备杀猪。曾参的妻子着急了，赶紧制止他说："我刚才跟孩子说着玩呢，不能真把猪给杀了，我们还要维持生计呢！"

曾参说："我们不能欺骗孩子，他还小，会模仿父母做出的所有事情，今天这样说话不算话，就等于在教孩子撒谎，这样不利于他的成长。而且，如果你今天不杀猪，那么你就会在孩子心中失去威信，以后你说的话孩子都不会再信了。我们杀了一头猪换来孩子的良好品德，这样是值得的。"最终，曾参说服了妻子。

亲爱的女孩，承诺的事情就一定要办到，不管要付出多大的代价。只有信守承诺，才能成为别人心目中可靠的人，才能在未来的道路上走得更加长远。

每日反省，提高自己的人生境界

人的欲望是无穷无尽的，读书时候的你没有什么太大的金钱上的愿望，你只希望自己从父母那里拿到的生活费稍微能够

第 11 章
为自己插上爱心的翅膀，女孩因善良而美丽而受益

有些盈余。工作了之后，当你渐渐地有些积蓄后，你又开始期待自己能够有更多的存款，就这样，欲望像滚雪球一样越滚越大。但是，没有人能够永远一帆风顺，你的欲望总会被现实这盆冷水泼灭，这个时候，你又开始觉得这个世界对你不公平，把自己走到如今这地步的所有责任都推到别人身上。但是，你有没有想过，你最应该反省的是你自己。

孟子有云：行有不得者皆反求诸己，其身正而天下归之。这句话的意思是说：如果遇到挫折和困难，整件事情做得不成功，或者跟别人相处得不够好，就要自我反省，从自己身上找原因，如果自己能够把所有的事情都处理得很好，那自然就会受到天下人的敬仰。亲爱的女孩，如果你没有把一件事情做得很圆满，请不要急于把责任推到别人身上，先冷静下来，思考是不是自己这里出现了问题。如果你从小就能够懂得自省，在以后的人生道路上一定会受益无穷。

朱晴是一个脾气比较急躁的人，不管大事小事，只要点到了她情绪的导火线，便随时能和人争吵起来。一天，一个快递大哥到小区楼下送快递，经过舟车劳顿的快递显然有些损伤，朱晴看到之后，心里本来就异常地生气，哪知快递大哥说了一句："你这个快递过了很久才下来拿，我还有很多家快递要送呢！"这句话瞬间点燃了她心里的怒火，她不管三七二十一立即跟快递大哥争吵起来。经过好长时间，被一位楼下的阿姨劝说之后，她才作罢。

因为这个脾气，朱晴没少得罪人。朱晴有一个好朋友，也是来这个城市一起打拼的室友，但是，两人合租了一段时间之后，室友便搬走了，因为朱晴总是动不动就发脾气。有一天早上，室友起来之后觉得头很痒，便洗了个头发，由于她占用卫生间的时间比平时稍微长了一点，朱晴便生气地把自己的洗漱用品狠狠地摔在了桌子上，这一举动让室友的心里极其不适，而朱晴这样的行为也不止一次两次了。最后，室友终于找了个机会搬走了。

朱晴从小到大朋友都不是很多，每次跟朋友发生争吵，她从来不会反思自己的过错，也正是因为这个原因，她常常是独来独往，这也给她的学习和工作带来了困扰。读书的时候，因为她的个性，每次的分组活动大家都不愿跟她分在同一组；每次有什么难题需要请教别人，她都不知道该去找谁。

曾子曰：吾日三省吾身。人需要每天对自己进行反思，才能找到自己每天的错误之处，并且积极地反思，努力改正自己的缺点，才能成为更好的自己。如果朱晴能够及时反思自己的不足之处，找到自己交不到朋友的原因，控制自己的脾气，她就能在自己的交友道路上有更大的进步。

亲爱的女孩，及时地反思自己才能更好地给自己每天的学习和生活查漏补缺，有不足之处就及时改正，有做得好的地方就及时总结，令其成为自己的优势。就像每次考试之后都写的错题本一样，反思会让你成长得更快！

第 11 章
为自己插上爱心的翅膀，女孩因善良而美丽而受益

宽容、豁达的心可以让你过得更轻松

一群人在沙漠上迷路了，每个人只剩下一罐可饮用水，有的人悲观地说："只剩下这一罐水了，到现在也没有找到走出沙漠的方向，这该怎么办呢？"他内心心急如焚。而有的人却说："幸好还剩下一罐水，只要还有水，就还有希望，最后一定会找到出去的路的。"豁达的内心会让他更冷静地找到辨别道路的方法，最终，抱有希望的他也一定会得到上天的眷顾，成功走出沙漠。

在西方国家，有一句流传广泛的谚语：同是一件事情，想开了是天堂，想不开是地狱。就像在沙漠中只有一罐水的人，他们都不知道在未来的日子会发生什么，所以有的人很悲观，有的人则抱有希望。悲观的人更容易乱了自己的阵脚，焦急的内心使他无法找到正确的解决办法。而冷静的人则更容易有条理地分析出此时的处境，充分利用此时的条件为自己找到最终的出路。

亲爱的女孩，一个人想要更加坚强地走出自己人生的困境，同样需要一颗豁达的心，时光匆匆流逝，人也在不断地长大，你无法阻止时间的流逝，就像已经洒在地上的牛奶永远也不能重新回到杯子里，不要因为自己小小的失误就一直在心里埋怨自己，放过自己，也许能让自己的生活更洒脱、更有幸福感。

陈钰是一个心思极其细腻的姑娘，不爱讲话的她只要遇到不顺心的事情就一直在心里拧巴，过不去心里那道坎。她也从来不把自己的心事分享给别人，性格本就懦弱的她也不知道该怎么解开自己的那些心结。

有一次，陈钰跟一些好朋友去一家她们经常去的小餐馆吃饭，一行人谈笑风生，气氛异常温馨。突然，一个小姑娘不知为何跟老板娘发生了争吵，争吵不过之后，那个小姑娘便气冲冲地离开了。情绪比较激动的姑娘离去的时候动作幅度较大，完全没有顾及正在吃饭的陈钰，于是，碗被打翻了，鲜红的汤汁正好洒在了陈钰刚买的白色羽绒服上。女生愣了一下，没有道歉便跑开了，留下陈钰一个人呆呆地望着自己的新衣。

事后，陈钰一直气不过，为什么做错了事情的人连一个道歉都没有就可以这么坦然地走开！与此同时，陈钰也恨自己的懦弱，没有追出去抓住那个女生赔偿自己的损失。看着闷闷不乐的陈钰，旁边的朋友便开解她："既然事情已经发生了，那就不要再纠结了，把衣服拿去干洗一下不就好了，那个女生没有负责任，说明她是一个不礼貌、没有公德心的人，你不要再拿她的错误来惩罚自己了，否则只会惹得自己心里一肚子气，实在不值得。"

亲爱的女孩，时间无法倒流，事情发生了就是发生了，你不能一直停留在过去的不开心之中闷闷不乐，否则只会让自己错失未来生活中的种种惊喜。试着放下心中的那些执念，多给自己内心一点阳光，生活会变得更加顺畅并且温暖。

第 11 章
为自己插上爱心的翅膀，女孩因善良而美丽而受益

责任感会让你变得更优秀

赫罗德·约翰逊曾经说过一句话："上天从没有赋予一个人任何权利，除非同时让他肩负相对的责任。"如果你不想为自己做过的事情负责任，相应地，你将失去你在这个世界上所拥有的所有权利。人存在于这个世界上，负责任是最基本的品质，也正是因为责任感的存在，才会让一个人在面对这个未知世界时拥有更多的热情，体会到这个世界上所有的酸甜苦辣。

亲爱的女孩，一个优秀的学生，从来不会抱怨老师布置的作业难度有多大、分量有多足，因为，只要自己的知识掌握得不够牢固，即使老师布置的作业都做完了，他依旧会再找别的教辅材料来巩固这个薄弱的知识点；一个优秀的职场人，从来都不会抱怨自己的工作到底要忙到什么时候才能完成，因为，所有让人觉得费力的工作都会带给人们更大的成长，他会尽自己最大的努力去完成自己所有的事情，并且会主动去寻找自己能力以外的更大的挑战。

不论是生活还是学习和工作，你最应该做的就是对自己负责。

首先，你要对自己的人生负责。人生就是短短几十年，匆匆流逝的每一分每一秒都是不可逆转的，所以你需要提前给自己定好人生的大方向，有方向才会有更大的动力，才不至于在众多的人生转折点感到迷茫。你还要在每一个重要阶段都足够的努力，不想后悔最有力的办法就是拼尽全力，即使最后结局没有想象中那么圆满，自己的内心也不会后悔。

其次，你要对自己的身体负责。亲爱的女孩，不管你的学习或生活多么繁忙，请一定要让自己按时吃饭。现代社会的青年男女基本上都或多或少地有肠胃上的问题，而避开这个常见疾病的最好方法就是按时吃饭、好好吃饭。吃饭的时候就放下自己手中的一切，不要担心工作，一顿饭的工夫不会让你的处境更加糟糕；放下你的手机，当你专注于手机的时候，你会忘记自己肠胃的感受。另外，你一定要安排时间去锻炼，研究表明：规律的运动能给身体带来更大的活力，增强你的抵抗力。为了让自己的生活更加舒适，请爱惜自己的身体。

最后，你要对自己的心灵负责。在这个快节奏的社会里，越来越多的人都遭受到了心理疾病的困扰，焦虑会磨损你的生命力，它会让你走进一个死胡同，对生活渐渐失去信心。这一疾病也越来越受到大家的重视。亲爱的女孩，请一定调节好自己的心态，人生还有太多的磨炼，一定不要成为一个玻璃心女孩，你要让自己在逆境之中变得越来越强大。但是，你也不要着急，该来的总会来，着急也没有用，你只需踏实地走好每天要走的路。闲暇时光培养自己的兴趣爱好，给自己的心灵一个安静的片刻。

亲爱的女孩，你已经在渐渐地长大，开始扮演越来越多的社会角色，你要对自己的父母负责，要对自己的梦想负责，要对这个社会负责，所有的责任感都会化作你对生活的热情，它们不断地激励着你，成为更好的自己。

第 11 章
为自己插上爱心的翅膀，女孩因善良而美丽而受益

保持谦虚的态度，不妄自尊大

在读小学的时候，大家就学过毛泽东说过的一句话："虚心使人进步，骄傲使人落后。"一个人若在取得一些小小的成就之后便沾沾自喜，这种骄傲便会让他一味地沉浸在自己目前的小成就之中，渐渐地，他就会忘记自己之前努力时充实的状态，长期下来，他会变得比之前还要平庸。而虚心的人则会一直坚守着自己谦逊的态度，他会不断地向比自己优秀的人请教，从而让自己变得越来越强大。

古语有云："满招损，谦受益。"白话意思是说：自满会给自己带来损失，而谦虚会让自己从中获得更大的利益。白居易作为中国历史上的著名诗人，每当作完一首诗的时候，都喜欢先与村中的妇人和牧童们分享，请他们给出自己的建议。白居易并没有嫌弃他们出身低微、没有学识，反倒谦虚地向他们请教，所以从中得到了很多的启示。而他也以浅显易懂又不失文雅的诗风在朝野间备受称颂。

张萌大学的时候学习广告制作，她本身就对这一行很感兴趣，所以每天都沉浸在知识的海洋里，每到学期末，她的每门功课都能拿到优异的成绩。大学毕业之后，张萌便找了几个志同道合的同学开自己的广告工作室。资金方面，张萌父母非常支持她的梦想，便拿出家里的一笔积蓄，再加上银行贷款作为第一笔资金。当时学校里也支持大学生自主创业，给予了她

很多的帮助，就这样，这个工作室便成立了。张萌他们不懈努力，一步一步地把一家小工作室运行到了正常轨道上。当工作室稍微做出一点成绩之后，张萌渐渐地变了，工作室的同事以前只是觉得她有点强势，现在，自满的她已经迷失了自己当初的方向，她开始不顾工作室其他成员的反对，做出一些不明智的事情。

有一次，一个公司找工作室进行产品宣传合作，明眼人都清楚，这件产品的宣传难度对于他们这样一家小小的工作室来说特别大，并且，如果不能顺利完成，还要支付对方一笔巨额赔偿金。其他的伙伴都表示这次应该拒绝，张萌却自信满满地接下了这个单子，并坚信她一定能够完成。

事情果然不出所料，他们最终失败了，支付完那一笔巨额赔偿金之后，工作室已经无法正常运作了。小伙伴们也都一拍两散。如果张萌在当初能够认清自己的实力，不盲目自信，不为自己一点小小的成绩而自满、失去自己的判断力，事情也不会发展到现在这一步。

亲爱的女孩，当你通过自己的努力做出一点小小的成绩之后，千万不要忘记：人外有人，天外有天。自满会让你忘记自己有几斤几两，乃至做出错误的决定；而谦虚则能让自己时刻处于求知的状态，为自己美好的明天不断地汲取营养。

庄子说："吾生也有涯，而知也无涯。"亲爱的女孩，学无止境，你要知道，这个世界上有太多的东西需要你去学习，

第 11 章
为自己插上爱心的翅膀，女孩因善良而美丽而受益

科技也在不断地更新换代，你需要不断地增加自己的知识储备。只有这样，你才会更深刻地明白自己的渺小，才能在人生的道路上不妄自尊大，走好成长的每一段旅程。

遵守每一项社会准则，做合格公民

人多了事情就会变得复杂，所以就必须要用规则来规范每个人的行为，这样才能形成一个有规则的社会。要想在这个社会上更好地生存下去，就必须遵守各种社会规则。除了社会规则之外，每个人都是善良的，本身自有的公德心在法律之外维系着这个社会的温情，有公德心的人都是心地善良的人，善良是这世界上最美好的品质，所以他们更容易交到朋友。

有公德心就是保护自己。小时候，父母就教我们过马路的时候要看红绿灯，去公共场合做事情的时候要排队。倘若人人都不遵守交通规则，那么马路上的车子就会乱开，交通意外的发生率将会急剧升高。所以，有公德心就是让自己更好地适应这个社会的规则，从而让自己尽量避免受到伤害。

有公德心就是不给别人添麻烦。日本是一个特别讲究道德礼仪的国家。为了其他人的便利，手扶电梯上的人们通常都会站在电梯的一侧，从而令那些有急事的人能更加便利地出行。他们的垃圾分类极其精细，喝完的牛奶瓶都会在家里冲洗干净、再折叠完好地放入分类的垃圾桶。即使是饮料瓶，也会精细地分为瓶盖、瓶身和包装纸三个类别。大家做好垃圾分类之后，就会让工作人员的工作量大大减少，也为自身居住的家园环境减轻了污染负担。

有公德心就是多给别人提供帮助。当在马路上看到老年人正在缓慢地行走时，司机师傅能够静静地等待老人走过去之后再出发；或者当看到有些老人行动不便时，有些司机师傅甚至会下车把老人搀扶过去之后才重新上车出发，为的就是老人的安全。每当看到这样的新闻出现，每个人的心里都是暖洋洋的。所以，有公德心的人会更受到大家的喜爱。

有时候，人的公德心是出于本能。在身边的人一不小心将要滑倒的瞬间，人们总是下意识地拉他一把，突发事件发生的短短一瞬间不会给人一点思考的时间；在河边听到有人呼救的声音，那些会游泳的人也会毫不犹豫地跳到河里去救人，即使一个人不会游泳，他也会抓紧时间报警或者找附近的人加以援救。所以，人性本善，也正因如此，才让这个世界在善良之中被紧紧包围。

亲爱的女孩，每个人的爱心都是从一点一滴的小事做起，从小时候就开始培养的。你可以先从身边的事情做起：多帮妈妈承担一些家务，多给身边的朋友解决一些烦恼，公交车上遇到需要帮助的人及时让出自己的座位，这些都是自己能够做到的小事。当然，你也需要保护周围的环境，不随地乱丢垃圾，

第 11 章
为自己插上爱心的翅膀，女孩因善良而美丽而受益

爱护每一只遇到的小动物，遵守这个世界的每一条规则。

亲爱的女孩，每个人都是这个世界的天使，希望你能为这个美好的世界贡献自己微薄的力量，让这个世界更加充满温情。

爱心给生活添加色彩

爱是这个冰冷的世界中最美好的事物之一，不管你身在何处，只要沐浴在爱中，你就能感受到它带给你的力量。它是会发光的太阳，驱散了身处困境的人心头的那片乌云，带来了无限的温暖；它是春天的微风，给毫无生机的大地带来新的生命力；它是干枯沙漠中珍贵的雨滴，给那些垂危的人带来了生的希望。拥有爱，你就拥有抵抗一切黑暗势力的勇气。

亲爱的女孩，当你看到路边有无家可归的猫猫狗狗时，请给它们足够的生活空间，你可以给它们一点食物，但请不要让它们感到惊慌；如果你看到公共交通工具上有站不稳的老年人，请积极地让出你的座位，因为他们年纪大了，骨骼已经老化了，在晃荡的车内站不稳，随时都有滑倒的可能；如果你看到马路上有些许的碎玻璃，请你及时地把它清理掉，因为也许下一个行色匆忙的人会因为它而弄伤双脚，而你的随手清理就能让他避开这些伤害。这些都可以让你成为更加善良的姑娘。

在生活中，很多人看起来凶神恶煞的，而有的人看起来

就很面善。当然这也只是人们主观上的感觉。但是，如果一个人的心从来都是冷冰冰的，那么长期下来他的长相也一定会像心灵一样冷冰冰的。而善良的人从来都不吝啬他的笑容，长久下来，他肯定会是一个面相和善的人。当然，长相并不代表一切，正所谓知人知面不知心，但是，千万不要吝啬你的笑容，也许它会给一个身处绝境的人生的希望。

2008年，有一个名字叫王芸菲的小姑娘失去了自己的双腿，当时的她只有一岁多，还未体会人世间的种种惊喜，命运便把她推入深渊。不过，她有很多的重庆父母，他们用爱心撑起这个孩子幼小的心灵，而他们坚持8年给王芸菲的爱也让这个小姑娘始终用明朗的笑容和乐观的心态面对这个世界。

他们用一个名为"天使的翅膀"的群集结了全国乃至全世界的爱心人士，完成了这场爱心接力。他们帮助王芸菲做各种各样的治疗，帮她寻找合适的假肢，帮她做心理辅导。一转眼，十余年过去了，这群陌生又熟悉的爸爸妈妈依旧用自己的方式给王芸菲送去浓浓的爱，相信小芸菲在未来的日子里也一定能够更加坚强地面对这个世界。

拥有爱心，能够让自己更有能力感受爱的温度，因为付出，我们自己的内心会感到快乐，别人感受到你的善良，也会在你处于危机时刻的时候给予援手。小的时候，父母就教我们分享：有好吃的、好玩的都要跟小伙伴们分享，这样能让自己有更多的美食和更多玩具；有不会做的题目大家一起讨论，也

第 11 章
为自己插上爱心的翅膀，女孩因善良而美丽而受益

许就可以讨论出更多的解题方法。这也许就是当我们给予爱时所得到的附加能量。

亲爱的女孩，你每天都沐浴在父母、老师、亲友的爱里，希望你有更大的能量去爱别人，献出自己小小的爱心，变出一双天使的翅膀，帮助别人飞得更高。

那些细微而不起眼的美德正是你的与众不同

在这个缤纷多彩的世界上，亿万个人有亿万种活法，你可以轰轰烈烈地活一生，让自己有限的生命发挥出无限的光芒；你也可以平静坦然地走过一生的光景，细观天地之间四季变换，品味天边远景、云卷云舒，每一天的日子都平淡而充实。因此，平凡人也有平凡人的乐趣。但是，拥有一些细小的美德，可以让自己成为一个更加幸运的女孩。

在美国历史中，康多莉扎·赖斯是政府事务当中职务最高的黑人女性，她在19岁的时候便考入了美国丹佛大学国际关系学院的研究生学院，26岁便拿到了政治学博士学位。34岁的时候，她已经是当时的美国总统在国家安全事务方面的特别助理，46岁时，她成为总统的首席对外政策顾问，2005年，她成为美国的国务卿。

康多莉扎·赖斯还没有毕业的时候，有一次，她跟朋友

在丹佛大学的校园里一起散步，有一位衣着很优雅的夫人去学校里找约瑟夫·科贝尔先生——丹佛大学国际关系研究生学院的创始人。丹佛大学的校园是依山而建，校园内部地形极其复杂，夫人拿着地图找了很久，也不知道该走哪个方向。于是夫人拿着手中的地图走向赖斯，询问正确的方向。当赖斯明白了这位夫人的意思之后，便主动说："我带您过去吧！"在赖斯的带领下，夫人很快便找到了科贝尔先生，在夫人的引见之下，赖斯认识了科贝尔先生。赖斯离开的时候，正好碰到一位同学在发一个讲座的广告，她见主讲人是刚才认识的科贝尔先生，于是便早早地去了会场等待。

在讲台上的科贝尔先生一眼就看到了刚认识的那个黑人女孩，她坐在第一排的一个位子上，边认真地听边动手详细地记着笔记。于是，讲座结束后，他便邀请赖斯一起吃饭。吃饭时，科贝尔先生跟赖斯讨论了她对刚才讲座的一些见解。这时，赖斯的聪明睿智充分地展现了出来，她对一些问题也总有独到的见解。于是，科贝尔先生便盛情邀请赖斯毕业之后报考他的学院，而赖斯也成功地成为了科贝尔的学生，为以后的成就打下了良好的基础。

有人说赖斯是一个幸运的人，但是，赖斯若不是有着助人为乐的品格，也无法赢得这样好的机会，而她这个细小的美德在无形之中给自己带来了好运。若是当时的赖斯没有帮助那位夫人找到科贝尔先生，那么她可能就无法认识科贝尔先生，并

第 11 章
为自己插上爱心的翅膀，女孩因善良而美丽而受益

可能错过科贝尔先生的讲座。果真如此，那么，即使赖斯有多么精彩的见解，她的人生或许也会跟现在有很大的不同。

亲爱的姑娘，美好的品德是人在一生之中都会受益的小习惯，你可以随手捡起路边的垃圾放到垃圾桶内，那样美化的是我们的环境；你可以把路边跟父母走散的小朋友送到民警的手中；你也可以在同学在学业上遇到瓶颈的时候伸出援手，总之，这些细小的事情只是举手之劳，但是能够给自己带来巨大的满足感。

参考文献

[1]张清雅.做个最棒的女孩[M].北京：中国妇女出版社，2015.

[2]子晨，周舒予.妈妈写给青春期女孩的私房书[M].北京：北京理工大学出版社，2016.

[3]党博.做个有出息的女孩[M].北京：中国纺织出版社，2016.